Robert Engelman, Bonnie Dye und Pamela LeRoy

Mensch, Wasser!

Report über die Entwicklung der Weltbevölkerung und die Zukunft der Wasservorräte

Zweite, aktualisierte und überarbeitete Auflage

Herausgegeben von der
Deutschen Stiftung Weltbevölkerung

Balance Verlag 2000

BALANCE

Impressum

Herausgeber: Deutsche Stiftung Weltbevölkerung (DSW)
Autoren: Robert Engelman, Bonnie Dye und Pamela LeRoy
Übersetzung: Thomas Pfeiffer, Hermann Vetter
Redaktion: Stefanie Ettelt (DSW), Dr. Stefan Raps (Hampp Verlag)
Titel der Originalausgabe: Sustaining Water – Population and the Future of Renewable Water Supplies
Umschlaggestaltung und Layout: Hampp Verlag GmbH, Stuttgart
Fotos: Jutta Weser (S. 8, 14, 24), Roger Gerhardy (S. 2, 60), PhotoDisc (Umschlag, S. 42, 72)
Grafik und Satz: Andrea Kunkel, Stuttgart
Repro: Litho Lenhard, Stuttgart
Druck: Gutmann & Co, Talheim
Gesamtherstellung und Produktion: Hampp Verlag GmbH, Stuttgart

Printed in Germany – Gedruckt auf chlorfrei gebleichtem Papier

ISBN 3-930723-32-8

Inhalt

Weltbevölkerung und Wasser

Gesamtmenge des Wassers auf der Erde:
1,4 Milliarden Kubikkilometer

Gesamtmenge des sich erneuernden Wassers, das jährlich auf die Landoberfläche fällt:
41 000 Kubikkilometer

Weltbevölkerung:
1975: 4,1 Milliarden Menschen
2000: 6,0 Milliarden Menschen
2025: 7,3 bis 8,4 Milliarden Menschen

Volumen-Maßeinheiten:
1 Kubikkilometer = 1 Milliarde Kubikmeter
1 Kubikmeter = 1000 Liter

Abbildung 1:

Das Wasser der Erde

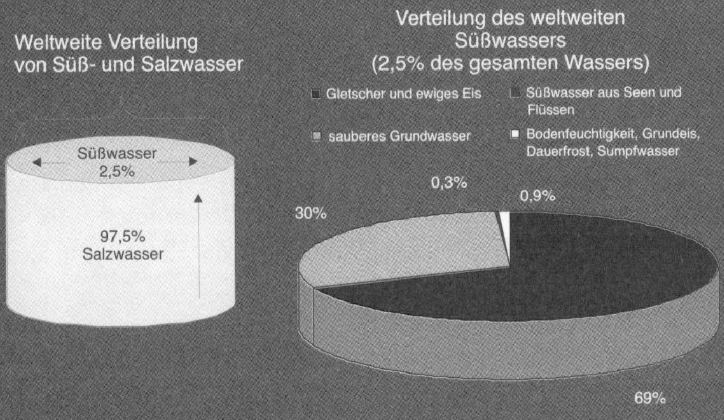

Quelle: Igor Shiklomanov, World Fresh Water Resources, in Peter H. Gleick (Hrsg.), Water in Crisis: A Guide to the World´s Fresh Water Resources, 1993.

Zwei Alternativen für den Kampf um Wasser

Vorwort zur zweiten Auflage

Wasser ist die Quelle allen Lebens: es ist unersetzlich. Menschen benötigen es für ihr Leben zuhause, für die Produktion von Nahrung und für die wirtschaftliche Produktion insgesamt. Wasser ist für alle Bereiche der menschlichen Entwicklung von entscheidender Bedeutung. Seine Verfügbarkeit wird aber immer mehr zur Achillesverse des Bemühens um humanitären Fortschritt.

Die Liste der Länder mit Wasserknappheit wird immer länger – vor allem aufgrund des Bevölkerungswachstums. Das macht Fortschritte auf den Gebieten Gesundheit, Ernährung und Armutsbekämpfung immer schwieriger – und wirkt indirekt auch Investitionen in eine nachhaltige Wassernutzung und in eine humanitäre Bevölkerungspolitik entgegen. Die meisten Expertinnen und Experten sind sich einig, dass sich die Situation in den nächsten Jahrzehnten weiter zuspitzen wird. Entsprechend nehmen auch die Warnungen vor Kriegen und gewaltsamen innerstaatlichen Verteilungskämpfen um diese lebensnotwendige Ressource zu.

Indes ist auch ein gemeinsamer Kampf für Wasser vorstellbar. Zum einen wird Wasser selbst dort, wo es knapp ist, keineswegs so effizient genutzt, wie es beim heutigen Stand von Wissenschaft und Technik möglich wäre, sondern vielfach regelrecht verschwendet. Zum anderen gibt es hervorragende Chancen, durch humanitäre Maßnahmen das Bevölkerungswachstum erheblich zu verlangsamen. Der gemeinsame Kampf für Wasser kann nur erfolgreich sein, wenn beide Möglichkeiten im Sinne einer Doppelstrategie und mit größerer Anstrengung als bisher umgesetzt werden. Die Alternative sind Katastrophen mit dramatischen Ausmaßen.

Es kommt also darauf an, zu einem gemeinsamen, gewaltlosen und kombinierten Kampf für Wasser und damit zu einer humanitären Bevölkerungspolitik aufzurufen. Dazu möchte die Deutsche Stiftung Weltbevölkerung mit der Herausgabe dieses Buches beitragen.

Hannover, im Mai 2000

Dr. Hans Fleisch
Geschäftsführer
Deutsche Stiftung Weltbevölkerung

Einleitung

Von allen sich erneuernden Ressourcen unseres Planeten ist Süßwasser vielleicht die problematischste.

Wasser kann durch keinen anderen Rohstoff ersetzt werden

Wasser ist schwer zu reinigen, teuer zu transportieren und ein unersetzbarer Rohstoff; es ist unentbehrlich für die Nahrungsmittelerzeugung, die wirtschaftliche Entwicklung und das Leben überhaupt. Seine Bedeutung für die Gesundheit und das Wohlergehen der Menschen ist seit Anfang der Neunzigerjahre von der Weltbank und den Vereinten Nationen immer wieder betont worden. Unterstrichen wird diese Rolle auch durch die Tatsache, dass in diesem Jahrzehnt erstmals die Anrainerstaaten des Nils, des Jordans und des Ganges zusammenkamen und Verhandlungen über die Verteilung der gemeinsamen Wasserressourcen aufnahmen. Dass es solche Treffen nicht schon in früheren Zeiten gab, liegt hauptsächlich daran, dass die Zahl der Menschen, die gemeinsame Wasserressourcen nutzten, im Allgemeinen gering genug war. Ein Mangel an Wasser stellte deshalb meist nur ein vorübergehendes und kein chronisches Problem dar.

Erst wenn die Wasserleitungen nichts mehr hergeben, was 1999 z.B. eine Zeit lang an so weit auseinander liegenden Orten wie Vermont (USA) und Grazalema (Spanien) der Fall war, werden die Bewohner der Industrieländer daran erinnert, wie wichtig die

Wasserversorgung für alle Aspekte des Lebens ist.[1] In den weniger wohlhabenden Ländern brauchen Millionen Menschen, zumeist Frauen, nicht erst an diese Tatsache erinnert zu werden: Viele gehen jeden Tag kilometerweit, um das nötige Wasser zu finden und nach Hause zu tragen.

Die Menge des sich erneuernden Süßwassers wird immer knapper

Trotzdem wird der Frage nach einer gesicherten Wasserversorgung in der weltweiten Diskussion über die nachhaltige Nutzung natürlicher Ressourcen erst in jüngster Zeit mehr Beachtung geschenkt, jedoch kaum im Kontext der stark steigenden Bevölkerungszahlen. Auf einem Planeten, dessen Oberfläche zu zwei Dritteln von Wasser bedeckt ist, hat die Illusion des Überflusses die Tatsache verdeckt, dass sich erneuerndes Süßwasser immer knapper wird. In einer Welt, in der das Bevölkerungswachstum trotz des internationalen Konsenses hinsichtlich der Gegenmaßnahmen nach wie vor ein heikles Thema ist, wird in der wissenschaftlichen Diskussion praktisch nicht darauf eingegangen, dass ein geringeres Bevölkerungswachstum den Druck auf die sich erneuernden Süßwasserreserven vermindert und uns damit mehr Zeit verschafft, das Problem in den Griff zu bekommen.

Die Weltmeere mögen unerschöpflich erscheinen, doch das den Menschen tatsächlich verfügbare Süßwasser ist begrenzt - und stellt nur einen Bruchteil des vom Weltraum aus erkennbaren Wassers dar. Langfristig kann die Menschheit für ihren laufenden Verbrauch nur auf die sich erneuernden Wasservorräte zurückgreifen, d.h. auf das Wasser, das als Niederschlag vom Himmel fällt, im Boden versickert oder sich in Flüssen und Seen sammelt und ins Meer zurückfließt, aus dem es durch die Sonne wieder verdunstet. Wenn Wasser nachhaltig verwendet werden soll, darf man es nicht schneller aus den Reservoiren und anderen Quellen entnehmen, als es durch den natürlichen Wasserkreislauf ersetzt wird.

Keine Technik kann den Grundvorrat an Wasser vermehren

Unsere Fähigkeit zur Gewinnung und Lagerung von Süßwasser hat sich im Laufe der Geschichte erweitert, und wir lernen, es immer effizienter zu verwenden. Doch keine Technik kann den Grundvorrat wesentlich erweitern. Die Möglichkeit der Entsalzung könnte zwar zu dem Gedanken führen, die Weltmeere seien eine unerschöpfliche Süßwasserquelle; doch Meerwasserentsalzung ist nach wie vor teuer, belastet die Umwelt und verbraucht große Mengen an sich nicht

erneuernden fossilen Energieträgern. Es gibt heute jedoch nicht wesentlich mehr Süßwasser als vor 2000 Jahren, als die Weltbevölkerung weniger als drei Prozent der heutigen sechs Milliarden Menschen betrug.

Wegen ihrer Begrenztheit sind die sich erneuernden Süßwasservorkommen eine entscheidende natürliche Ressource im Hinblick auf das Bevölkerungswachstum. Nur bei wenigen anderen Ressourcen, die für das tägliche Leben so wichtig sind wie Wasser, sind der Verfügbarkeit so enge Grenzen gesetzt. Bereits heute leiden die Bemühungen zur Verbesserung der Gesundheit und des Lebensstandards in Dutzenden Ländern unter dem Problem der Wasserknappheit.

Mit der Zunahme der Bevölkerung sinkt die durchschnittliche pro Kopf verfügbare Menge sich erneuernden Süßwassers. Hydrologen und andere Wasserexperten sind sich einig, dass Wasserknappheit oder sogar Wassermangel unausweichlich ist, wenn ein bestimmtes Verhältnis von Bevölkerungsgröße und der Menge des sich erneuernden Wassers aus dem Gleichgewicht gerät.

Das Bevölkerungswachstum führt dazu, dass immer mehr Menschen unter Wasserknappheit leiden

In den letzten Jahrzehnten sind diese Grenzwerte in mehr als zwei Dutzend Ländern erreicht oder überschritten worden. Das Bevölkerungswachstum wird in den nächsten Jahrzehnten voraussichtlich dazu führen, dass weitere zwei Dutzend Länder und viele Millionen Menschen unter Wassermangel leiden. Daneben könnten die vorausgesagten Veränderungen des Weltklimas die Wasservorräte umverteilen oder verringern und das Aufkommen von Stürmen verstärken. In der Tat sieht es so aus, als ob diese Veränderungen bereits begonnen haben. Sie werden in Zukunft das Management der knappen Wasservorräte noch schwieriger machen.

Akuter Wassermangel hat in einigen Ländern bereits außergewöhnliche Maßnahmen erforderlich gemacht. Etliche Regionen im westlichen Indien etwa müssen in Dürreperioden per Eisenbahn mit Trinkwasser versorgt werden. In den Städten des Subkontinents kommt in der Trockenzeit oft stundenlang kein Wasser aus den Leitungen, was die Einwohner dazu zwingt, sich in langen Schlangen vor den von der Stadt bereitgestellten Tankzügen aufzustellen, und häufig Ursache für regelrechte Aufstände ist. Wie schlimm die Situation in manchen Teilen Indiens ist, verdeutlichte eine Bemerkung des indischen Präsidenten K. R. Narayana im Rahmen seiner Eröffnungsrede anlässlich einer Konferenz über die Wassergewinnung im Oktober 1998.

„Ein Großteil der indischen Stadtbewohner trinkt in Flaschen abgefülltes Wasser", erklärte Narayana. „Es ist traurig, dass Wasser bald schon so teuer sein wird wie Milch."

Leben ist auf Wasser angewiesen, genauso wie auf Luft und Nahrung. Auch für die Produktion von Nahrungsmitteln ist Wasser notwendig, weil das Pflanzenwachstum auf dem Wasserstrom von den Wurzeln zu den Blättern beruht.

Wasser spielte bei der Industrialisierung Europas und Nordamerikas eine große Rolle

Gute Böden und eine zuverlässige Versorgung mit Wasser sind seit jeher eine Voraussetzung für die Landwirtschaft. Ein verlässliches und reichhaltiges Angebot an Wasser spielte bei der Industrialisierung Europas und Nordamerikas eine bedeutende Rolle. Auch wenn die Entwicklungsländer manche der Fehler der Vergangenheit vermeiden können, kann man sich nur schwer vorstellen, wie es zu einer nachhaltigen Entwicklung kommen soll, wenn das Angebot an sich erneuerndem Süßwasser knapp ist.

In vielen Regionen der Erde ist der Zugang zu Wasser nicht durch Marktmechanismen geregelt, sondern es kann kostenlos und häufig unbegrenzt entnommen werden. Wasser ist keine globale Ressource, die so problemlos wie Erdöl transportiert und gehandelt oder wie Nahrungs- oder Arzneimittel als Hilfeleistung zur Verfügung gestellt werden kann. Ob die Menschen in einem Flussgebiet Wasser verschwenden, spielt für die Menschen in einem anderen keine große Rolle. Sauberes Wasser muss dort verfügbar sein, wo Menschen leben: in der Nähe ihrer Siedlungen.

Der Wassermangel-Index gibt die pro Kopf und Jahr verfügbare Menge der sich erneuernden Süßwasservorräte an

Dieser Bericht - hervorgegangen aus der Überarbeitung der ersten aus einer Reihe von *Population Action International* in den Vereinigten Staaten herausgegebenen Studien über den Zustand der natürlichen Ressourcen - zieht den nationalen Pro-Kopf-Vorrat und -Verbrauch als Indikator für eine Reihe von wirtschaftlichen, sozialen und gesundheitlichen Risiken heran, die den Ländern mit Süßwassermangel drohen. Auf der Grundlage der 154 Länder, aus denen verlässliche Daten über die sich erneuernden Wasservorkommen vorliegen, lässt sich ein Wassermangel-Index berechnen. Er gibt die pro Kopf und Jahr in einem Land verfügbare Menge der sich erneuernden Süßwasservorräte für die Jahre 1975, 2000 und - basierend auf den Bevölkerungsprojektionen der Vereinten Nationen - 2025 an. Eine grafische Darstellung dieses Indizes mit einem Säulendiagramm für die 100 trockensten Länder befindet sich auf den Seiten 77 bis 95.

Die Bevölkerungs- und Wasserdaten, auf denen der vollständige Index beruht, enthält die Tabelle ab Seite 96. Eine Rangordnung der 100 Länder auf der Basis der heute pro Kopf verfügbaren Wassermenge findet sich ab Seite 106.

Nationale Daten verbergen oft große regionale Unterschiede

Hinter den nationalen Daten verbergen sich gewaltige regionale Unterschiede – vor allem in den großen Ländern. Der Wassermangel in den letzten Jahren – etwa in Kalifornien und im Nordosten Brasiliens – zeigt, dass es auch in solchen Ländern zu saisonalen und regionalen Engpässen kommen kann, die insgesamt über ausreichende sich erneuernde Wasservorräte verfügen. Das bekamen im Sommer 1999 auch die Einwohner des im Osten der USA gelegenen Bundesstaates Maryland zu spüren: Sie durften ihren Rasen nicht bewässern, weil nach einer langen Dürreperiode der Wasserstand des Potomac-Flusses auf ein kritisches Niveau gesunken war.

Eine eingehende Analyse des Zusammenspiels von Bevölkerungsentwicklung und sich erneuernder Wasserreserven auf lokaler Ebene scheitert bislang daran, dass bestenfalls sporadisch erhobene und unregelmäßig publizierte Daten verfügbar sind. Doch ein Vergleich der aktuellen Bevölkerungsentwicklung und ihrer vorausgeschätzten Dynamik mit den Daten über die sich erneuernden Wassermengen in den 154 Ländern zeigt, welche Bedeutung das Bevölkerungswachstum für die Verfügbarkeit dieser Ressource hat.

Definition wichtiger Fachausdrücke und Begriffe

- *Wasserkreislauf: der Kreislauf, in dem Wasser aus den Weltmeeren und anderen Wasserflächen verdunstet, sich als Wasserdampf in Wolken sammelt und als Regen oder Schnee wieder auf die Wasseroberflächen fällt oder ihnen als Abfluss- oder Grundwasser zufließt.*
- *Abfluss: Wasser aus Regen oder Schnee, das in Flüssen vom Land abfließt und, soweit es nicht verdunstet, die Meere, Inlandseen oder Grundwasserbecken erreicht.*
- *Grundwasserschicht: eine Erd- oder Felsschicht oder -region, die Grundwasser enthält.*

- *Grundwasser: Wasser, das von Natur aus in unterirdischen Grundwasserbecken gespeichert ist oder Boden und Fels durchfließt und durchtränkt sowie Quellen und Brunnen speist.*
- *Wasserentnahme: Entnahme von Wasser aus natürlichen Quellen oder Becken – z.B. Seen, Flüssen oder Grundwasserbecken – zum menschlichen Gebrauch. Soweit es nicht verbraucht wird, kann es später in das gleiche oder in ein anderes natürliches Reservoir zurückgeführt werden.*
- *Wasserverbrauch: Verwendung von Wasser, die seine Verdunstung oder Transpiration (durch Pflanzen) zur Folge hat oder auf sonstige Weise das Wasser einer weiteren Verwendung entzieht.*
- *Sich erneuerndes Wasser: Wasser, das in bestimmten Zeiträumen durch den Wasserkreislauf ständig erneuert wird, etwa das Wasser von Flüssen, in Grundwasserbecken oder anderen Quellen, die durch die Niederschläge oder den Abfluss aufgefüllt werden. Die Erneuerungsfähigkeit des Wasservorrats hängt von der natürlichen Auffüllgeschwindigkeit wie auch der menschlichen Entnahmegeschwindigkeit ab. Soweit Wasser schneller entnommen als nachgeliefert wird, kann es nicht als sich erneuernd gelten.*
- *Sich nicht erneuerndes Wasser: Wasser in Grundwasserbecken und anderen natürlichen Speichern, das nicht oder nur so langsam nachgeliefert wird, sodass die Wassermenge auf Dauer abnimmt, wenn über die Maßen Wasser entnommen wird.*
- *Entsalzung: Erzeugung von Süßwasser durch Entfernen von Salz aus Meer- oder Brackwasser mithilfe von meist aus Erdöl oder anderen fossilen Brennstoffen erzeugter Energie.*
- *Wassermangel: Nach Definition der Hydrologen leiden alle Länder unter Wassermangel, in denen die jährlich pro Kopf verfügbare Menge an sich erneuerndem Süßwasser 1000 Kubikmeter oder weniger beträgt. (Entsprechend dieser Definition wird der Begriff im vorliegenden Bericht verwendet.)*
- *Wasserknappheit: 1001 bis 1666 Kubikmeter sich erneuerndes Süßwasser pro Kopf und Jahr.*

Quellen: Nach Robert K. Barnhart, The American Heritage Dictionary of Science, 1986; Peter H. Gleick; World Resources Institute.

Grenzen

Der weltweite Wasserverbrauch hat sich in der vergangenen Jahrhunderthälfte mehr als vervierfacht.

Die Weltbevölkerung nutzt heute ungefähr die Hälfte der sich erneuernden Süßwasservorräte

Zwischen 1940 und 2000 hat sich die Weltbevölkerung von 2,3 auf sechs Milliarden Menschen mehr als verdoppelt. Gleichzeitig verdoppelte sich der Wasserverbrauch von jährlich etwa 400 auf 800 Kubikmeter pro Kopf. Da die Süßwasservorräte der Erde begrenzt sind, kann sich der globale Wasserverbrauch voraussichtlich nicht noch einmal vervierfachen.[3] Einer groß angelegten wissenschaftlichen Untersuchung zufolge nutzt die Weltbevölkerung heute bereits gut die Hälfte der weltweit sich erneuernden Süßwasservorkommen.[4] Besonders in Ländern, in denen die Bevölkerung sehr schnell wächst, kann der steigende Bedarf an Wasser kaum noch gedeckt werden.

In vielen Ländern ist heute noch ausreichend Wasser vorhanden, doch in vielen anderen führt der permanent steigende Bedarf einer wachsenden Bevölkerung zu einem auf Dauer nicht tragfähigen Wasserverbrauch oder zur erheblichen Verschlechterung der Wasserqualität und -versorgung. Das gilt besonders für Länder in Afrika und im Nahen Osten. Doch auf lange Sicht wird das Verhältnis von Bevölkerungszahl und sich erneuernden Wassermengen auch in Teilen Asiens und Lateinamerikas, möglicherweise sogar in Europa, zum Problem.

Um die Grenzen des verfügbaren Wassers zu verstehen, muss man sich vor Augen halten, wie wenig von den 1,4 Milliarden Kubikkilometer Wasser der Erde für den Menschen verwendbar ist. Nur 2,5 Prozent der gesamten Wassermenge sind Süßwasser, das als Trinkwasser, zur Bewässerung und für die meisten industriellen Zwecke notwendig ist. 69 Prozent davon sind in den Polareiskappen und Gebirgsgletschern gebunden oder liegen so tief in der Erde, dass es bis auf weiteres nicht möglich ist, sie zu erschließen.[5]

Nur 2,5 Prozent der gesamten Wassermenge der Erde sind Süßwasser

Abbildung 2:

Weltbevölkerung und Verwendung von Süßwasser von 1940 bis 2000

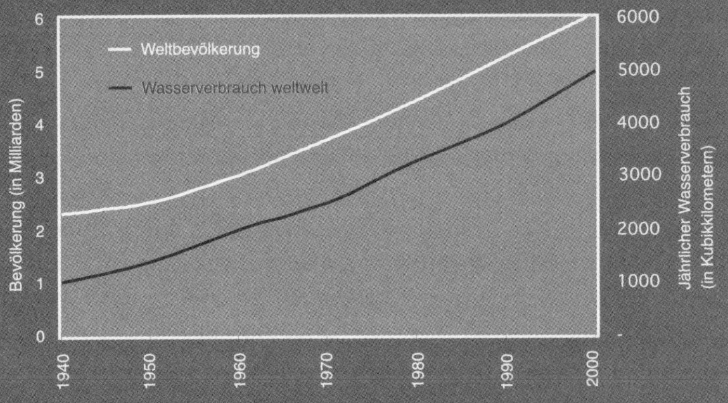

Seit 1940 hat sich der Süßwasserverbrauch der Menschheit ungefähr vervierfacht, während sich die Weltbevölkerung verdoppelt hat. Einige Wasserexperten schätzen die praktische Obergrenze des nutzbaren sich erneuernden Süßwassers auf 9000–14 000 Kubikkilometer pro Jahr. Danach wäre eine zweite Vervierfachung des Welt-Wasserverbrauchs unwahrscheinlich.

Quelle: Peter H. Gleick, Pacific Institute for Studies in Development, Environment, and Security

Wenn es darum geht, wie viel Süßwasser dem Menschen zur Verfügung steht, dann zählt nicht die Gesamtmenge des weltweit verfügbaren Süßwassers, sondern die Geschwindigkeit, mit der die Süßwasservorräte durch den globalen Wasserkreislauf erneuert werden. Dieser wird von der Sonne angetrieben und bringt jährlich etwa 113 000 Kubikkilometer Wasser in Form von Regen und Schnee auf die Landoberfläche der Erde. Davon verdunsten etwa 72 000 Kubikkilometer in die Atmosphäre. Es bleiben also jährlich 41 000 Kubikkilometer, die die Grundwasservorräte auffüllen und durch die Flüsse oder auf anderem Wege ins Meer zurückgelangen.[6] Denkt man sich das gesamte Wasser der Erde in einer Badewanne, so würde die jährlich verfügbare sich erneuernde Menge kaum einen Teelöffel füllen.

Der kritische Faktor - die Geschwindigkeit der Erneuerung des Süßwassers

Doch nur ein Teil der 41 000 Kubikkilometer Süßwasser kann von Menschen genutzt werden. Mehr als die Hälfte dieses Wassers fließt bei Überschwemmungen ins Meer und nicht weniger als ein Achtel fällt als Niederschlag in Gebieten, die von menschlichen Siedlungen zu weit entfernt sind, um genutzt werden zu können.[7] Manche Wasserexperten schätzen die Obergrenze der global verfügbaren, sich erneuernden Süßwassermenge auf zwischen 9000 und 14 000 Kubikkilometer pro Jahr.[8] Ein erheblicher Teil davon wird benötigt zur Bewahrung der in und an Flüssen, Feuchtgebieten und Küstengewässern liegenden natürlichen Ökosysteme mit ihrem immensen Artenreichtum.

Endogene und exogene Wasservorräte eines Landes

Diese kritischen Grenzen werden zwar nicht weltweit erreicht, aber regional, national und lokal. Bei der Messung der Wasservorräte eines Landes sprechen die Hydrologen von endogenen (inneren) und exogenen (äußeren) Vorräten. Die innere Zufuhr ist der Niederschlag auf dem Staatsgebiet abzüglich der Verluste, die durch Verdunstung entstehen. Die äußere Zufuhr erfolgt durch Flüsse, die in das Staatsgebiet fließen, sowie durch grenzüberschreitende Grundwasservorräte - und kann vom Ausland aus eingeschränkt werden. Im Idealfall stehen einem Land beide Arten der Wasserzufuhr zur Verfügung, doch viele Länder können nur einen Teil davon nutzen, d.h. dem Verbrauch zuführen - je nachdem, wie sehr sich ihre Fläche zur Speicherung von Wasser eignet und in welchem Zustand sich ihre Infrastruktur befindet. Manche Entwicklungsländer können nur rund ein Fünftel ihrer potenziellen Wasservorkommen nutzen.[9]

Die Verfügbarkeit von Wasser

Die meiste Zeit in der Geschichte der Menschheit haben die weltweiten Süßwasservorräte ausgereicht, um die menschlichen Bedürfnisse zu decken und die Ökosysteme und ihre Artenvielfalt zu erhalten. Doch mit der Zunahme der Bevölkerung werden die Wasserreserven immer knapper.

Die Verfügbarkeit von Süßwasser hängt weitgehend vom Klima ab

Die Verfügbarkeit von Süßwasser hängt weitgehend vom Klima ab, insbesondere von der zeitlichen und räumlichen Verteilung der Niederschläge und dem „Verdunstungsbedarf" der Atmosphäre, deren Aufnahmefähigkeit für Feuchtigkeit hauptsächlich von der Durchschnittstemperatur bestimmt wird. Einige trockene Länder im Nahen Osten und in Nordafrika verzeichnen so geringe Niederschläge und eine so hohe Verdunstung, dass nur ein geringer Teil des vorhandenen Süßwassers für die Menschen zugänglich ist. In vielen Wüstengebieten fallen nur wenige Millimeter Regen im Jahr - und die oft innerhalb von wenigen Tagen. Länder wie Schweden oder Island hingegen, wo viel Niederschlag und wenig Verdunstung vorherrschen, sind mit Wasser reich gesegnet.

Die Verfügbarkeit von Wasser kann sehr große jahreszeitliche Schwankungen aufweisen. Selbst an sich gut mit Wasser versorgte Regionen können ausgesprochen trockene und nasse Jahreszeiten erleben. Bangladesch etwa ertrinkt in der zwei- bis dreimonatigen Monsunzeit fast im Regen, doch im übrigen Jahr bleiben die Niederschläge fast völlig aus. Auf den Philippinen müssen zur Versorgung der rasch wachsenden Städte vielerorts die Brunnen immer tiefer gebohrt werden - trotz saisonal starker Regenfälle, die manchmal sogar mit verheerenden Flutkatastrophen einhergehen. Vor allem müssen sich die Süßwasservorräte, um verwendbar zu sein, in der Nähe der Menschen befinden, die sie benötigen. Rund drei Viertel der mexikanischen Bevölkerung leben im trockenen zentralen Hochland, während sich vier Fünftel des Oberflächenwassers in den feuchteren Küstengegenden befinden.[10]

Sozioökonomische Faktoren beeinflussen in starkem Maße den Zugang zu Wasser. In vielen Entwicklungsländern fehlt es an Kapital und an der Technik, um Wasservorkommen zu nutzen. Mächtige industrielle oder landwirtschaftliche Interessen können in einem Land einen übermäßigen Anteil an den Wasservorräten beanspruchen. Die

ärmsten Menschen am unteren Ende der Hierarchie leiden meist am stärksten unter der Wasserknappheit.

Der Zugang zu Wasser wird noch komplizierter, wenn zwei Staaten an grenzüberschreitenden Grundwasservorräten, Flüssen und Seen beteiligt sind und über ihre Nutzungsrechte streiten. Die Wasserversorgung ist so einer der wichtigsten Verhandlungspunkte zwischen Israel und seinen arabischen Nachbarn, die eine der global höchsten Bevölkerungszahlen im Verhältnis zum verfügbaren sich erneuernden Wasser aufweisen. Zu den aktuellen und potenziellen Regionen, in denen Wasser ein Konfliktfaktor ist, gehören auch die Flussläufe von Nil, Euphrat und Tigris, Indus, Ganges und Brahmaputra.

Wasser wird immer mehr zum Konfliktfaktor

Einer der größten Einflussfaktoren auf die Pro-Kopf-Verfügbarkeit von Süßwasser ist die Zahl der Menschen, die darum konkurrieren. Wachsende Bevölkerungen und steigender Lebensstandard treiben die Nachfrage nach den begrenzten Wasservorkommen in die Höhe und verstärken den Wettbewerb und die Spannungen zwischen den Nutzern. Da Urbanisierung, Industrialisierung und Bewässerung häufig mit nicht nachhaltigem Süßwasserverbrauch einhergehen, droht auch durch diese Entwicklung eine Verschärfung der Situation.

So sind die Niederschlagsmengen in China und Kanada nahezu gleich, sowohl in absoluten Zahlen als auch pro Hektar.[11] Doch weil in China 42-mal mehr Menschen leben als in Kanada, hat jeder Chinese nur auf durchschnittlich 2,4 Prozent des Wassers Zugriff, das einem Kanadier zur Verfügung steht. Durch regional verschiedenes Bevölkerungswachstum nehmen solche Ungleichheiten immer mehr zu.

Die Verwendung von Wasser

Die Landwirtschaft verbraucht weltweit das meiste Wasser

Weltweit ist die Landwirtschaft mit 71 Prozent der größte Konsument von Wasser.[12] Etwa 23 Prozent des Wasserverbrauchs entfallen auf Industrie und Energiewirtschaft und nur acht Prozent auf die privaten Haushalte.[13] Die Verwendung von Wasser ist jedoch von Land zu Land sehr verschieden. Sie hängt von der wirtschaftlichen Entwicklung, dem Klima und der Bevölkerungsdichte eines Landes ab. In Afrika werden 85 Prozent der Wasservorkommen für die Landwirtschaft, zumeist zur Bewässerung verwendet,[14] während im hoch industrialisierten Europa mehr als die Hälfte von der Industrie und zur Energieerzeugung verbraucht wird.

Zwar hängt ein Großteil der weltweiten Landwirtschaft noch vom sich erneuernden Wasser ab, das auf die Pflanzen regnet, doch der hohe Verbrauch der Landwirtschaft wird vor allem durch Bewässerungsmaßnahmen verursacht. Die Bewässerungswirtschaft hat parallel mit dem Weltbevölkerungswachstum zugenommen. (Zur Landwirtschaft gehört auch die Viehzucht, doch sie verbraucht im Vergleich zur Bewässerungswirtschaft nur wenig Wasser.) 1995 wurden weltweit 255 Millionen Hektar – diese Fläche entspricht einem Land von der Größe des Sudans – bewässert, die ein Drittel der Welternte erzeugten. In zwei von drei Ländern war die Landwirtschaft der größte Wasserverbraucher.[15]

In Afghanistan und im Sudan benötigt die Landwirtschaft über 90 Prozent des Wassers

Der Wasserkonsum der Landwirtschaft ist in Trockenregionen wie etwa dem Nahen Osten, Nordafrika und dem Südwesten der Vereinigten Staaten besonders hoch. In diesen Regionen sind die Niederschläge minimal und die Verdunstung ist sehr hoch, sodass die meisten Anbaugebiete fast das ganze Jahr bewässert werden müssen. Besonders extreme Beispiele für Länder mit einer intensiven Bewässerungswirtschaft sind Afghanistan und der Sudan: In beiden Ländern ist die Landwirtschaft für über 90 Prozent des gesamten Wasserverbrauchs verantwortlich.[16]

In der ersten Hälfte unseres Jahrhunderts hat sich die bewässerte Fläche weltweit nahezu verdoppelt, um die Bedürfnisse einer wachsenden Weltbevölkerung zu decken, die sich auch wirtschaftlich entwickelte und pro Kopf mehr Nahrung verbrauchte. Zwischen 1950 und 1990 hat sich die bewässerte Fläche sodann noch einmal mehr als verdoppelt.[17] Erst in den letzten Jahren verlangsamte sich die Zunahme. Inzwischen wird es immer problematischer, neue Staudämme und Wasserspeicher anzulegen und Grundwasserbecken zu erschließen, da die meisten bereits genutzt werden.

In Kalifornien und dem Südwesten der Vereinigten Staaten ist Wasser so kostbar, dass die Farmer ihr Land – mitsamt den Wasserrechten – an die wachsenden Großstadtzonen verkaufen, damit diese ihren gewaltigen Bedarf decken können. Länder wie Israel und Malta hängen sogar von so genanntem virtuellem Wasser ab: Um knappes Wasser für den nicht landwirtschaftlichen Gebrauch nutzen zu können, importieren sie wasserintensive Nahrungsmittel wie z.B. Salat. Dieser „virtuelle" Wasser-

import verringert zwar vor Ort den Bewässerungsbedarf, setzt diese Länder aber im Falle steigender Nahrungsmittelpreise auf dem Weltmarkt erheblichen Risiken aus.

Mit wachsendem Lebensstandard steigt meist auch der Wasserkonsum

Der Wasserbedarf pro Haushalt - zum Trinken, zur Essenszubereitung, zum Waschen und Reinigen, zur Gartenbewässerung und für Dienstleistungsbetriebe wie Gaststätten und Wäschereien - macht in den meisten Ländern nur einen kleinen Teil des gesamten Wasserverbrauchs aus. Mit wachsendem Lebensstandard steigt jedoch im Allgemeinen der private Wasserverbrauch.[18] Dementsprechend groß sind auch die Unterschiede zwischen den reichen und den armen Ländern: Ein US-Bürger verbraucht im Durchschnitt täglich etwa 650 Liter Wasser für häusliche Zwecke. Dagegen müssen die Einwohner Benins mit weniger als einem Hundertstel davon auskommen - rund vier Litern pro Tag.[19]

Generell macht der Wasserverbrauch der Haushalte in den Ländern einen größeren Teil des Gesamtverbrauchs aus, die vorwiegend Regenfeldbau betreiben oder deren Industrie kaum entwickelt oder nur wenig wasserintensiv ist. In Australien, Lettland und Gabun etwa entfallen über 60 Prozent des gesamten Wasserverbrauchs auf die privaten Haushalte.[20]

Die Industrie, wozu auch die Energieerzeugung gehört, benötigt Wasser zur Kühlung, Verarbeitung, Reinigung und Abfallbeseitigung.[21] Atomkraftwerke und Kraftwerke auf der Basis fossiler Brennstoffe sind die größten industriellen Einzelverbraucher, die erhebliche Wassermengen zur Kühlung verwenden.[22] (Dazu wird zum Teil zwar auch Meerwasser benutzt, allerdings muss das nach der Verdunstung des Wassers zurückbleibende Salz entfernt werden, wodurch hohe zusätzliche Wartungskosten entstehen können.) Zwar wird der größte Teil des industriell genutzten Wassers in den Wasserkreislauf zurückgeführt, doch ist es häufig mit Chemikalien und Schwermetallen verseucht oder so stark erwärmt, dass bestimmte Ökosysteme leiden.[23] Der industrielle Verbrauch liegt bei weniger als fünf Prozent in vielen Entwicklungsländern und 85 Prozent in Belgien und Finnland.[24] Nur in Europa, wo verhältnismäßig wenig Landfläche bewässert wird, verbraucht die Industrie ebenso viel Wasser wie Landwirtschaft und Haushalte zusammen. Der Anteil des industriellen Wasserverbrauchs gilt oft als Indikator für die wirtschaftliche Entwicklung eines Landes.

In Europa verbraucht die Industrie genauso viel Wasser wie Landwirtschaft und Haushalte zusammen

Wasser und nachhaltige Entwicklung

Nachhaltige Entwicklung *(sustainable development)* bedeutet vor allem, natürliche Ressourcen in einer Weise zu nutzen, dass sie auch den zukünftigen Generationen noch zur Verfügung stehen.[25] Die nachhaltige Erschließung der Wasservorräte erfordert daher die Berücksichtigung des Wasserkreislaufs, damit die sich erneuernden Wasservorräte langfristig nicht vermindert werden.

Allerdings sind die meisten der gut zugänglichen sich erneuernden Süßwasservorkommen - Flüsse, Bäche und Seen sowie sich rasch auffüllende Grundwasserspeicher - heute bereits erschlossen. Die Erschließung weniger gut zugänglicher Reservoire ist meist sehr kosten- und zeitintensiv. Auch für Mensch und Umwelt kann der Preis der zusätzlichen Wassergewinnung gewaltig sein. Der Assuan-Staudamm in Ägypten etwa - von dem vor allem die Bauern profitieren - hat unersetzliche archäologische Stätten überflutet, wertvolle Ökosysteme und Fischgründe zerstört, die Ufer ausgewaschen und das Nährstoff- und Sediment-Gleichgewicht des Nilbeckens gestört.[26, 27] China muss mehr als 3,2 Milliarden Dollar aufbringen, um schätzungsweise eine Million Bauern und Dorfbewohner umzusiedeln, die dem geplanten Drei-Schluchten-Staudamm am Jangtse werden weichen müssen.[28]

Für Umsiedlungsmaßnahmen bringt China mehr als 3,2 Milliarden Dollar auf

Der Transfer von Wasser aus einem Flussgebiet in ein anderes, z. B. um den regionalen Wasserbedarf im Westen der Vereinigten Staaten zu befriedigen, ist meist zu teuer, wenn mehrere Länder daran beteiligt sind. Die Pläne, Wasser aus den Großen Seen sowie aus Flüssen in Alaska und Westkanada über das Felsengebirge in die wasserarmen Bundesstaaten der USA und nach Nordmexiko zu bringen, sind vor allem wegen der immensen Kosten, technischen Schwierigkeiten und Gefahren für die Umwelt auf Eis gelegt worden. Auch der wachsende politische Widerstand spielte hierbei eine Rolle. Ende 1999 sprachen sich das kanadische Umweltministerium und die meisten Umweltminister der Provinzen deshalb für einen Gesetzentwurf aus, der ein Verbot von Wasserexporten aus den Großen Seen vorsieht.[29]

Der zunehmende Einsatz fossiler Brennstoffe, um Wasser aus tiefen Grundwasserbecken heraufzupumpen, hat die Süßwasserversorgung heute gewaltig gesteigert - allerdings auf Kosten der zukünftigen Generationen. Die Nutzung von Grundwasser widerspricht zwar nicht grundsätzlich dem Prinzip der Nachhaltigkeit, denn die Menschen haben seit den frühesten Kulturen des Orients Wasser aus Brunnen geschöpft. Wenn jedoch die Brunnen in den nächsten Jahrzehnten weiterhin ergiebig sein sollen, darf heute nur so viel Wasser entnommen werden, dass der Grundwasserspiegel langfristig stabil bleibt. Doch in den Regionen Asiens, Afrikas und Nordamerikas, in denen hauptsächlich künstlich bewässert wird, sinken die Grundwasserspiegel bereits seit einiger Zeit stark, weil die Niederschläge die Grundwasserschichten nicht so schnell wieder auffüllen, wie die Bauern Wasser aus dem Boden pumpen. Wie viel Wasser verbraucht werden kann, ohne auf lange Sicht den Wasserkreislauf zu schädigen, hängt nicht nur von den menschlichen Bedürfnissen ab, sondern auch von den natürlichen Gegebenheiten.

Das Auffüllen natürlicher Wasservorräte dauert Tage bis Jahrtausende

Zwar werden alle natürlichen Wasservorräte durch den Wasserkreislauf wieder aufgefüllt, doch das Auffüllen kann Tage oder auch Jahrtausende dauern. Flüsse brauchen im Durchschnitt 18 Tage, um wieder auf Normalniveau Wasser zu führen. Bei großen Seen und tiefen Grundwasserbecken können Jahrtausende vergehen, bis der ursprüngliche Wasserstand wieder erreicht wird.[30] Die ältesten Wasservorräte der Welt, etwa das nubische Grundwasserbecken in Nordafrika, füllten sich schon in frühen geologischen Epochen, als das Wasser in die Gesteinsschichten der Erde eindrang. Es ist fraglich, wie lange es dauert, bis das so genannte fossile Wasser solcher Reservoire ersetzt wird – wenn es überhaupt möglich ist. Daher ist die Entnahme großer Wassermengen aus fossilen Grundwasserbecken schon per definitionem nicht nachhaltig und kann nur eine Übergangsmaßnahme gegen Wassermangel sein.

Süßwassergewinnung aus dem Meer

Die Entsalzung von Meerwasser könnte theoretisch eine dauerhafte Quelle für sich erneuerndes Süßwasser sein – zumindest für reiche Länder, die Zugang zum Meer haben. Doch bislang ist die Süßwassergewinnung aus dem Meer nicht nachhaltig. 1997 wurden weltweit täglich etwas mehr als 18 Millionen Kubikmeter Süßwasser in rund 7500 Entsalzungsanlagen gewonnen. Damit hat sich die globale Entsalzungskapazität innerhalb von 20 Jahren verachtzehnfacht. Doch das entsalzte Meerwasser macht kaum ein Tausendstel des globalen Süßwasserverbrauchs aus, wie die Berechnungen von Peter H. Gleick, Präsident des *Pacific Institute for Studies in Development, Environment, and Security* im kalifornischen Oakland, ergaben.[31]

Die Meerwasserentsalzung benötigt viel Energie und ist sehr kostspielig

Wegen der hohen Kapital- und Energiekosten ist entsalztes Wasser um ein Vielfaches teurer als Wasser, das auf anderem Wege gewonnen wird. Um es überhaupt erschwinglich zu machen, wird die Meerwasserentsalzung meist stark subventioniert, wie z.B. in Kuwait. Bei einem jährlichen Wachstum der Weltbevölkerung von knapp 1,3 Prozent ist es jedoch kaum vorstellbar, dass sich diese Technik schnell genug durchsetzt, um einen wesentlichen Teil des weltweiten Wasserbedarfs zu decken.[32]

Die heutige Meerwasserentsalzung hat einen weiteren Nachteil: Sie wird fast ausschließlich mit fossilen Brennstoffen betrieben. Diese sind zwar reichlich vorhanden, aber dennoch begrenzt. Zusätzlich belasten sie die Luft und tragen zur Gefahr von Klimaveränderungen bei. Es gibt zwar auch Entsalzungsanlagen, die mit Solarenergie betrieben werden, doch diese liefern gegenwärtig weltweit nur einen geringen Anteil des entsalzten Wassers. Nichts deutet heute darauf hin, dass sich daran in absehbarer Zukunft etwas ändern wird.[33]

Wasservorräte müssen effizienter genutzt werden

Sicher werden weiterhin neue Süßwasserquellen erschlossen. Wasser wird in Zukunft jedoch effizienter verwendet werden müssen. Lösungen, die langfristig funktionieren sollen, müssen die Grenzen berücksichtigen, die der Wasserkreislauf ihnen setzt. Bislang ist die Gewinnung von Wasser nur dann nachhaltig, wenn sie sich auf die 41 000 Kubikkilometer beschränkt, die der Wasserkreislauf jährlich zur Verfügung stellt. Von dieser Menge muss man so lange ausgehen, bis kosteneffiziente und umweltschonende Energien zur Entsalzung von Meerwasser eingesetzt werden können. Wenn man davon das Wasser abzieht, dass durch Überschwemmungen und den Bedarf der Natur für den Menschen verloren geht, ist wohl ein Viertel bis ein Drittel dieser Wassermenge das Maximum, das nachhaltig verwendet werden kann.

Bevölkerungsentwicklung und Wasserversorgung

In vielen Ländern werden die Grenzen der sich erneuernden Süßwasservorräte bald erreicht oder sogar überschritten.

Die Weltbevölkerung wächst immer noch fast genauso schnell wie in den vergangenen Jahrzehnten. Seit 1970 ist die Fertilität zwar fast überall gesunken und das Weltbevölkerungswachstum hat sich verlangsamt, doch aufgrund der Bevölkerungsgröße und des hohen Anteils an jungen Menschen kommen jedes Jahr weltweit etwa 80 Millionen Menschen hinzu - so viel wie die heutige Bevölkerung Deutschlands. Und jeder zusätzliche Mensch braucht Wasser zum Leben.

Zeitweiliger oder chronischer Wassermangel ist in vielen Ländern verbreitet

Bereits heute leiden viele Länder - reiche wie arme - unter den direkten oder indirekten Folgen des Wassermangels. Einige der höchsten Wachstumsraten betreffen Bevölkerungen in trockenen Ländern, von denen viele schon heute unter schwindenden Wasserreserven leiden. Zeitweiliger oder chronischer Süßwassermangel ist in weiten Teilen Afrikas und im Nahen Osten, Nordchina, in Regionen Indiens und Mexikos, im Westen der Vereinigten Staaten, in Nordostbrasilien und den mittelasiatischen Ländern der ehemaligen Sowjetunion bereits Realität.[34]

Das Bevölkerungswachstum erhöht nicht nur den Wasserbedarf, sondern beschleunigt auch die umweltbedingten Störungen des Wasserkreislaufs, da auch die Nahrungsmittel- und Energieproduktion zunehmen. Dazu gehören die Abholzung von Wäldern und andere zerstörerische Landnutzungsformen, Abfälle, Schädlingsbekämpfungs- und Düngemittel sowie Treibhausgase, die sich auf das Erdklima auswirken können. Viele dieser Aktivitäten beschränken die verfügbare Menge und beeinträchtigen die Qualität des Wassers zusätzlich.

Bevölkerungsentwicklung und Wasserknappheit

Der Index für Wasserknappheit: ungefähres Mindestmaß für das pro Kopf und Jahr verfügbare Wasser

Malin Falkenmark, eine weithin anerkannte schwedische Hydrologin, entwickelte einen Index für Wasserknappheit, der ein ungefähres Mindestniveau an pro Kopf verfügbarem Wasser festlegt. Dieser Grenzwert orientiert sich daran, wie viel Wasser notwendig ist, um einen angemessenen Lebensstandard in einem mäßig entwickelten Land in einer Trockenzone zu erhalten. Falkenmark ging von einem Minimum von täglich 100 Litern pro Kopf (36,5 Kubikmetern pro Jahr) für den häuslichen Grundbedarf aus, die auch gesundheitliche und hygienische Bedürfnisse einbeziehen. Die Erfahrung der Länder, die effizient mit Wasser umgehen und nur mäßig entwickelt sind, zeigte ihr, dass etwa das fünf- bis 20fache davon für Landwirtschaft, Industrie und Energieerzeugung benötigt wird. Aufgrund dieser Ergebnisse schlug Falkenmark Grenzwerte zur Kennzeichnung von Wasserknappheit und Wassermangel vor.[35]

In einem Land, in dem pro Kopf jährlich mehr als etwa 1700 Kubikmeter sich erneuerndes Süßwasser zur Verfügung stehen, treten nur selten oder nur lokal Wasserprobleme auf. Unterhalb dieser Marke beginnt die periodische oder regelmäßige Wasserknappheit, unter 1000 Kubikmetern pro Kopf jährlich der chronische Wassermangel, der neben der wirtschaftlichen Entwicklung auch die menschliche Gesundheit und Lebensqualität beeinträchtigen kann. Wenn jährlich pro Kopf weniger als 500 Kubikmeter Wasser verfügbar sind, spricht man von absolutem Wassermangel.[36]

Allerdings sind das nur ungefähre und keine exakten Grenzwerte. Wann Wasserknappheit einsetzt, ist regional verschieden und hängt

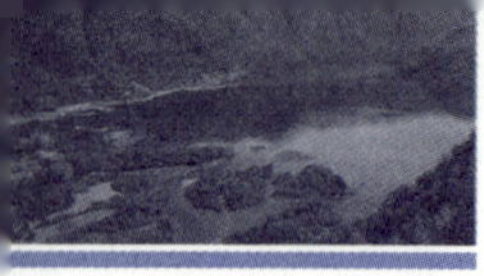

vom Klima, der wirtschaftlichen Entwicklung und anderen Faktoren ab. Wasserknappheit kann auch gemildert werden durch umfassende Programme zur Wassererhaltung und durch eine bessere Technik. Dennoch sind die Grenzwerte für Mangel und Knappheit ein brauchbares Werkzeug, wenn man die möglichen Auswirkungen von Bevölkerungsveränderungen auf die pro Kopf verfügbaren Wasservorkommen ermessen will.

Verfügbarkeit sagt nichts darüber aus, ob Wasser tatsächlich genutzt wird

Verfügbarkeit meint in diesem Zusammenhang, dass das Wasser als solches vor Ort vorhanden ist und im Prinzip genutzt werden könnte. Es sagt nichts darüber aus, ob die Menschen tatsächlich Zugang dazu haben, d.h. über die Mittel und Möglichkeiten verfügen, es tatsächlich zu nutzen. Die Frage nach dem Zugang zu Wasser hängt zwar auch von seiner Verfügbarkeit ab, muss aber als ein eigenständiges Thema betrachtet werden, das mehr Aufmerksamkeit verdient, als wir ihm hier schenken können. Zu untersuchen, wie viel Wasser verfügbar ist, ist jedoch ein wichtiger erster Schritt. Nur so können wir in Erfahrung bringen, wie viel Wasser unter idealen Voraussetzungen maximal entnommen werden kann - ob nun nachhaltig oder, was häufiger der Fall ist, nicht nachhaltig.

Die 1000-Kubikmeter-Grenze wird von der Weltbank und anderen Analytikern als ein allgemeiner Indikator des Wassermangels anerkannt.[37] Gleick vom *Pacific Institute* nennt diesen Grenzwert „das ungefähre Minimum für eine angemessene Lebensqualität in einem mäßig entwickelten Land".[38] Israel, ein verhältnismäßig wohlhabendes Land, wird oft erwähnt, weil es sogar mit erheblich weniger Wasser auskommt - mit 407 Kubikmeter Süßwasser pro Person (worin jedoch auch sich nicht erneuerndes Grundwasser enthalten ist). Doch selbst Länder, die über viel Wasser verfügen, können aufgrund von regionalen Unterschieden oder besonders hohem Wasserbedarf Probleme mit der Wasserversorgung haben. Trotz solcher Abweichungen gilt unter Hydrologen und Wasserverbrauchs-Experten die 1000-Kubikmeter-Marke als weltweit nützlicher Grenzwert für Wassermangel. Falkenmarks 1700-Kubikmeter-Schwelle (genauer gesagt, 1667 Kubikmeter) für Wasserknappheit ist ein Warnsignal für Länder, in denen die Bevölkerung weiterhin schnell wächst. Wenn sich die Bevölkerungszahlen nicht stabilisieren, werden die meisten Länder, in denen heute Wasserknappheit herrscht, langfristig unter Wassermangel leiden.

Israel kommt mit 407 Kubikmeter Süßwasser pro Person und Jahr aus

Zur Aussagekraft von Grenzwerten für Wassermangel

Die in diesem Bericht diskutierten Grenzwerte für Wasserknappheit und Wassermangel dürfen nicht als „Grenzen des Wachstums" im Malthus'schen Sinne oder als festgelegte natürliche Grenzen verstanden werden, die konsequent und unweigerlich bestimmte Folgen für die zwischen Bevölkerung und Umwelt bestehende Dynamik haben. Vielmehr dienen sie als Indikatoren für die negativen Konsequenzen, die aller Wahrscheinlichkeit nach mit Wasserknappheit einhergehen. Als solche können diese Grenzwerte uns helfen, die Dringlichkeit von Problemen abzuschätzen, die mit der Verfügbarkeit von Süßwasser zusammenhängen. Sie können uns auch einen Einblick darin verschaffen, wie natürliche Grenzen das Wechselspiel von Umwelt und Bevölkerung beeinflussen. Während einige Länder mit weniger als 1000 Kubikmeter Süßwasser jährlich pro Kopf wirtschaftlich prosperieren, tun sich andere sehr schwer, Landwirtschaft, Industrie und Privathaushalte mit ausreichend Wasser zu versorgen, obwohl sie Wasser im Überfluss besitzen. Trotz dieser scheinbaren Widersprüche werden die hier vorgestellten Grenzwerte von vielen Hydrologen und der Weltbank anerkannt und angewendet. Um zu verstehen, warum die Reaktionen auf Wasserknappheit in den einzelnen Ländern teilweise so unterschiedlich ausfallen, ist es notwendig, die Grundlagen und Grenzen einiger der in diesem Bericht präsentierten Bedingungen und Analysen aufzuzeigen.

Grenzwerte für Wassermangel zeigen die Dringlichkeit dieses Ressourcenproblems auf

Erstens beziehen sich die hier vorgelegten Daten über die pro Kopf verfügbare Wassermenge ausschließlich auf sich erneuerndes Süßwasser, definiert als nicht salzhaltiges Wasser, das sich jährlich durch Niederschläge erneuert und in Bächen und Flüssen ins Meer fließt. Nicht berücksichtigt wird Wasser, dass durch die Sonneneinstrahlung oder durch Pflanzen in die Atmosphäre verdunstet, Prozesse, die im Allgemeinen als Evapotranspiration bezeichnet werden. Indem man das Wasser, das durch Evapotranspiration verloren geht, aus der Rechnung herausnimmt, kann man die Daten zur Verfügbarkeit von Wasser auch für Länder mit sehr unterschiedlichen klimatischen Bedingungen standardisieren. Nur so kann die tatsächlich zur Nutzung bereitstehende Wassermenge erfasst werden, die nicht von saisonalen Schwankungen abhängt (siehe Seite 28).

Nicht mit eingerechnet werden zweitens auch Grundwasservorräte, die sich - einen menschlichen Zeithorizont zugrunde gelegt - nicht durch Niederschläge wieder auffüllen - so genanntes sich nicht erneuerndes oder fossiles Wasser. Die Erschließung fossiler Wasserspeicher bietet Ländern, die unter Wassermangel leiden, zumindest vorübergehend eine Möglichkeit, die sich aus der Mangelsituation ergebenden Konsequenzen zu umgehen. Dieser Weg mündet für die meisten Länder jedoch häufig sehr früh in eine Sackgasse, da zum einen die Pumpkosten erheblich steigen, wenn die Grundwasserspiegel sinken, und zum anderen der Wasserbedarf stetig steigt, wenn die Zahl der Einwohner wächst und die Industrialisierung zunimmt.

Die Erschließung fossiler Wasserspeicher ist keine nachhaltige Strategie

Darüber hinaus spiegeln diese Daten auch das Timing der meist jahreszeitlich bedingten Schwankungen der verfügbaren Wassermenge nicht wider. In den Tropen etwa fallen zur Regenzeit immense Wassermengen vom Himmel, die oftmals verheerende Flutkatastrophen auslösen, sich aber kaum für eine spätere Verwendung speichern lassen. Wenige Monate später verwandelt die Trockenzeit Flüsse und Bäche in Rinnsale und führt zu einer drastischen Verknappung des verfügbaren Wassers. Aus diesem Grund leiden manche Wassereinzugsgebiete oder Länder, in denen es durchschnittlich genügend Wasser zur Versorgung der Bevölkerung gibt, unter periodischer Wasserknappheit. Bevor jedoch solche saisonalen Schwankungen der verfügbaren Wassermenge in die wissenschaftliche Analyse einfließen können, müssen weitaus mehr Daten erhoben werden.

Wie bereits erwähnt, variiert die Fähigkeit von Ländern - sowohl auf der Ebene der Individuen als auch auf der der Institutionen - mit knappen Wasservorräten hauszuhalten. Dementsprechend kommen manche Länder besser mit einem sich verknappenden Angebot an verfügbarem Süßwasser zurecht als andere. Daher wäre es verfehlt, bestimmte Grenzwerte als absolut zuverlässige Indikatoren für die Situation in einem Land zu betrachten oder sie einheitlich auf alle Länder anzuwenden. Wie gesagt, der Begriff Grenzwert beschreibt hier keine absolute Grenze, sondern vielmehr eine - auf eine Vielzahl von Ländern, die sich hinsichtlich ihres Klimas, ihrer Bodenbeschaffenheit und ihres wirtschaftlichen Entwicklungsstands zum Teil stark unterscheiden, anwendbare - Schwelle, bei deren Unterschreitung die mit unzureichenden Wasservorräten einhergehenden Probleme meist deutlich zunehmen. Auf der Grundlage dieser ungefähren Grenzwerte

Die Fähigkeit, mit knappen Wasservorräten hauszuhalten, variiert von Land zu Land

lässt sich ein Modell erstellen, das erklären hilft, wie sich die Bevölkerungsentwicklung auf begrenzte Ressourcen wie etwa Süßwasser auswirkt.

Schließlich besagen die hier beschriebenen Grenzwerte nicht, dass Länder, die pro Kopf und Jahr über mehr als 1700 Kubikmeter Süßwasser verfügen, automatisch „wasserreich" sind. So, wie der Begriff in der Erstausgabe von *Mensch, Wasser!* gebraucht wurde, erwies er sich als irreführend, da in vielen Ländern - angefangen bei Indien über den Iran bis hin zu den Vereinigten Staaten - zwar nominell jährlich mehr als 1700 Kubikmeter Süßwasser pro Kopf zur Verfügung stehen, sie also nicht unter Wasserknappheit leiden, es in regenarmen Gebieten dieser Länder aber immer wieder zu ernsthaften periodischen Versorgungsengpässen kommt. Da sich zudem, je nach Entfernung von den Ballungsgebieten, nicht alle Süßwasservorkommen zu vertretbaren Kosten erschließen lassen, liegen in vielen Ländern die Vorkommen an wirtschaftlich erschließbarem Süßwasser weit unter den hier abgedruckten Schätzungen.

Wassermangel und Wasserknappheit sind relative Begriffe

Deshalb arbeiten wir in dieser Ausgabe von *Mensch, Wasser!* mit dem Begriff der „relativen Wassersuffizienz" beziehungsweise dem des „relativen Wasserreichtums". Damit wollen wir darauf hinweisen, dass auch Länder, die über den Grenzwerten für Wassermangel beziehungsweise Wasserknappheit liegen, nicht notwendigerweise Süßwasser im Überfluss haben. Selbst der Ausdruck „Suffizienz" wird der Realität in solchen Ländern oftmals nicht gerecht. In den Vereinigten Staaten beispielsweise werden Südkalifornien sowie manche Gebiete Floridas und des südlichen Texas aufgrund zeitweiliger oder chronischer Wasserknappheit in ihrer Entwicklung behindert. Dennoch halten wir diesen Begriff am besten dafür geeignet, den Zustand der sich erneuernden Wasserressourcen in Ländern zu beschreiben, die oberhalb der Grenzwerte für Wassermangel und Wasserknappheit liegen.

Der Wassermangel-Index

Die Auswirkungen des Bevölkerungswachstums auf die Wasserversorgung können untersucht werden, indem man die aktuellen Daten über die sich erneuernden Wasservorkommen eines Landes (einschließlich der Zuflüsse aus anderen Ländern) mit Daten über die

frühere, heutige und voraussichtliche Bevölkerungszahl vergleicht. Das *World Resources Institute* und – für einige Länder – die Ernährungs- und Landwirtschaftsorganisation der Vereinten Nationen (FAO) veröffentlichen länderweise Daten über die Verfügbarkeit und den Verbrauch von Wasser. Die Bevölkerungsabteilung der Vereinten Nationen gibt alle zwei Jahre für die meisten Länder Hochrechnungen des Bevölkerungswachstums und der Einwohnerzahl heraus, die bis zum Jahr 2050 reichen, in längeren Abständen auch Projektionen bis zum Jahr 2150. Auf der Grundlage unterschiedlicher Annahmen hinsichtlich der Geburtenrate, Sterblichkeit und Wanderungsbewegungen hat die UN-Behörde eine niedrige, mittlere und hohe Projektion der Bevölkerungsentwicklung bis zum Jahr 2050 errechnet.

Projektionen der Bevölkerungsentwicklung bis zum Jahr 2050

Durch den Vergleich der Bevölkerungsdaten für 1975, 2000 und 2025 mit den neuesten Daten zur Süßwasserversorgung in 154 Ländern lässt sich mithilfe der Grenzwerte von Falkenmark für die drei gleich weit auseinander liegenden Zeitpunkte ein länderspezifischer Wassermangel-Index aufstellen. Ein Vergleich der Ergebnisse aufgrund der hohen und der niedrigen Bevölkerungsprojektion für 2025 zeigt, welchen Einfluss das Bevölkerungswachstum der nächsten Jahre auf die Süßwasserversorgung der meisten heute lebenden Menschen haben kann. (Eine eingehende Erklärung der Methode des Wassermangel-Index findet sich ab Seite 72. Der vollständige Index ist ab Seite 96 aufgeführt.)

Wassermangel ist für viele Länder ein wesentliches Entwicklungshindernis

Der Index für Wassermangel zeigt deutlich, dass Wasser für mehr als ein Drittel der untersuchten Länder in vier der fünf Kontinente ein wesentliches Entwicklungshindernis ist oder in Zukunft werden dürfte. Heute leiden 26 Länder mit einer Gesamtbevölkerung von 505 Millionen Menschen unter Wasserknappheit oder Wassermangel. In diesen Ländern kommen insgesamt täglich 34 000 Kinder auf die Welt. Bis zum Jahr 2025 werden 39 bis 46 Länder in diese Kategorien fallen, und ihre Gesamtbevölkerung wird – je nach ihrem Wachstum in den nächsten 25 Jahren – um 2,4 bis 3,3 Milliarden Menschen zunehmen. Allein die Differenz dieser beiden Zahlen ist doppelt so groß wie die Gesamtbevölkerung der Länder, die zurzeit unter Wasserknappheit oder -mangel leiden. Je nachdem, ob das niedrige oder das hohe UN-Szenario der globalen Bevölkerungsentwicklung eintritt, werden bis zum Jahr 2025 eine halbe Milliarde Menschen mehr oder weniger in Ländern mit häufigen oder chronischen Wasserproblemen leben.

Länder mit Wassermangel

Gegenwärtig leiden 14 Länder unter Mangel an sich erneuerndem Süßwasser, neun davon mit einer rasch wachsenden Bevölkerung.[39] Bis 2025 werden zwischen fünf und neun weitere Länder hinzugekommen sein. Zwischen 405 und 670 Millionen Menschen werden dann in diesen Ländern leben (niedrige bzw. hohe UN-Projektion).

Gegenwärtig herrscht in 14 Ländern Wassermangel

Abbildung 3:

Entwicklung der jährlichen Wasserverfügbarkeit pro Kopf in El Salvador und Südafrika in Abhängigkeit von zwei verschiedenen Bevölkerungsszenarien

El Salvador

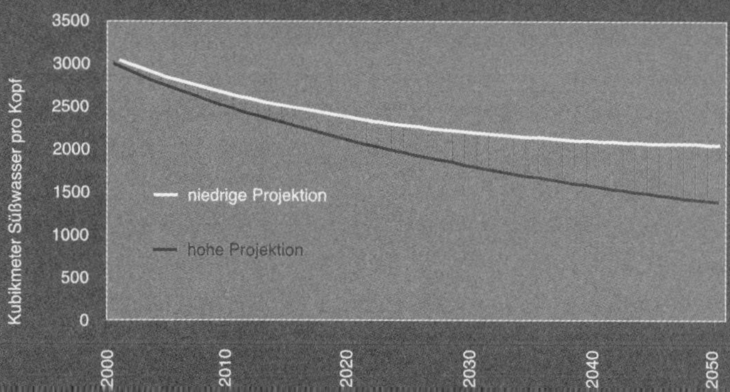

Die Bevölkerungsentwicklung könnte in El Salvador darüber entscheiden, ob das Land bis 2035 die Grenze zur Wasserknappheit und möglicherweise noch im selben Jahrhundert zum Wassermangel unterschreitet – so wie es das auf der Annahme eines hohen Bevölkerungswachstums basierende UN-Szenario nahe legt. Folgt das Land dagegen der niedrigen UN-Projektion, wird die Bevölkerungsentwicklung bei einer Wasserverfügbarkeit von deutlich über 1700 Kubikmeter – dem Grenzwert für Wasserknappheit – ihr Maximum erreichen.

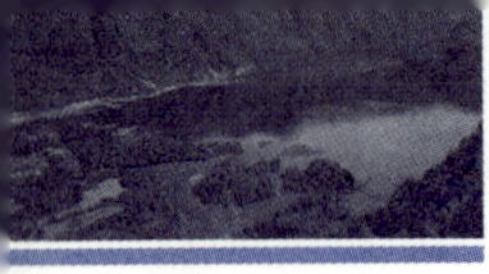

Südafrika

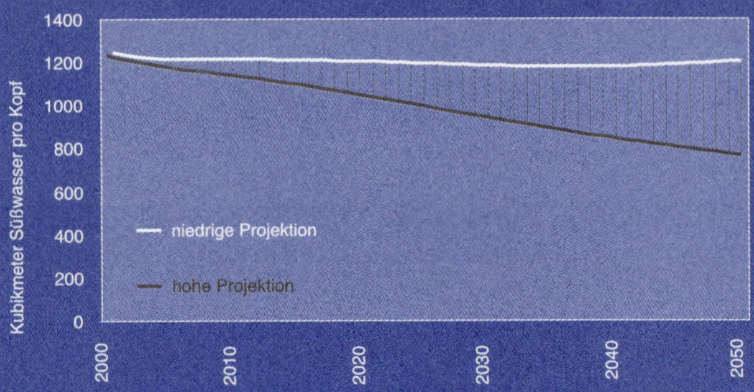

Mit einer Verfügbarkeit von jährlich 1240 Kubikmeter sich erneuernden Süßwassers pro Kopf hat Südafrika die Grenze zur Wasserknappheit bereits unterschritten. Die Bevölkerungsentwicklung in den nächsten Jahrzehnten wird ausschlaggebend dafür sein, ob Südafrika 2025 unter Wassermangel leiden wird, oder ob die Einwohnerzahl um 2007 ihren Höhepunkt erreicht, noch bevor das Land unter den Grenzwert für Wassermangel fällt.

Einige Länder Afrikas und Asiens stehen an der Schwelle zum Wassermangel

In mehreren Ländern können die unterschiedlichen Bevölkerungsprojektionen für 2025 darüber entscheiden, ob sie in Zukunft unter vielleicht zu bewältigender Wasserknappheit oder ausgesprochenem Wassermangel leiden werden. So stehen heute in Äthiopien jährlich pro Kopf 1758 Kubikmeter sich erneuernden Wassers zur Verfügung. Dieser Wert wird höchstwahrscheinlich sinken, doch je nach Bevölkerungsentwicklung wird Wasser in Äthiopien bis 2025 mit jährlich 1015 Kubikmetern pro Kopf entweder knapp sein oder zur Mangelware werden. Ähnlich sieht die Lage in Südafrika und dem Libanon aus. Auch in Uganda, Pakistan und Syrien wird die Bevölkerungsentwicklung darüber entscheiden, ob sie die Grenze von relativem Wasserreichtum zu Wassermangel unterschreiten oder nicht.

Zu den Ländern, die bis 2025 voraussichtlich unter Wasserknappheit leiden werden, gehört Indien (wo heute pro Kopf 1882 Kubikmeter jährlich zur Verfügung stehen), zurzeit mit über einer Milliarde Einwohnern das zweitbevölkerungsreichste Land der Erde. Bis 2025 wird die Bevölkerung des Landes voraussichtlich auf zwischen 1,2 und

Tabelle 1:

Länder mit Wassermangel in den Jahren 1975, 2000 und 2025 (Projektion). Kriterium: weniger als 1000 Kubikmeter sich erneuerndes Wasser pro Kopf und Jahr

Länder mit Wassermangel 1975	Weitere Länder mit Wassermangel 2000	Weitere Länder mit Wassermangel 2025 (niedrige UN-Bevölkerungsprojektion)	Weitere Länder mit Wassermangel 2025 (nur mittlere und hohe Projektion)
Kuwait	Ruanda	Somalia	Malawi*
Libyen	Ägypten	Burkina Faso	Äthiopien*
Singapur		Kenia	Südafrika~
Vereinige Arabische Emirate		Marokko	Libanon~
Saudi-Arabien		Haiti	
Jordanien			
Jemen			
Israel			
Tunesien			
Oman			
Algerien			
Burundi			

** mittlere Projektion; ~ hohe Projektion*

Chronischer Wassermangel in Indien

1,4 Milliarden Menschen anwachsen, innerhalb der nächsten 50 Jahre könnte es sogar China überflügeln und zum einwohnerstärksten Land der Erde aufsteigen. Unter dieser Voraussetzung kann man fast davon ausgehen, dass sich der chronische Wassermangel, der schon heute viele Gegenden des Landes heimsucht, weiter verschlimmern und ausbreiten wird.

China (jährliche Wasserverfügbarkeit pro Kopf zurzeit: 2215 Kubikmeter), gegenwärtig das bevölkerungsreichste Land, wird nach allen drei UN-Bevölkerungsprojektionen 2025 nur knapp über dem Grenzwert für Wasserknappheit liegen. Je nach Bevölkerungsgröße werden dann jedem Chinesen zwischen 1831 und 2029 Kubikmeter sich erneuerndes Süßwasser zur Verfügung stehen. In der nordchinesischen Ebene, wo Wasser bereits jetzt knapp zu werden droht, werden pro Jahr 30 Milliarden Kubikmeter Grundwasser zu viel aus dem Boden gepumpt.[40]

Fünf der ölreichen arabischen Staaten – Kuwait, Jemen, Oman, Saudi-Arabien und die Vereinigten Arabischen Emirate – gehören zu den neun Ländern mit dem geringsten Wasservorkommen pro Kopf. Jedes Mal wenn die Saudis Wasser suchen – so wird scherzhaft gesagt –, finden sie Öl. Und in gewisser Hinsicht ist Öl in der Tat einer der besten Ersatzstoffe für Wasser, denn es liefert Energie für die Meerwasserentsalzung und für die Förderung von Grundwasser. Viele Länder des Nahen Ostens stützen sich stark auf Entsalzung und fossile Grundwasservorräte, um ihre magere Ausstattung mit sich erneuerndem Süßwasser aufzubessern. Angesichts der hohen Kinderzahl in diesen Ländern wird dieses Wasser immer knapper werden. Zurzeit verdoppelt sich die Bevölkerung in dieser Region alle zwei bis drei Jahrzehnte. Vielleicht werden sich diese Länder aufgrund ihres heutigen Reichtums von jeder künftigen Wasserknappheit freikaufen können. Entscheidend aber ist, dass reiche wie arme Länder heute Wasser auf nicht nachhaltige Weise verbrauchen. Am Ende werden auch sie vor den Folgen stehen und mit dem verbliebenen Wasser auf nachhaltige Weise umgehen müssen.

Viele Länder des Nahen Ostens stützen sich auf die Meerwasserentsalzung und auf fossile Vorräte

Israel und Jordanien gehören zu den zehn Ländern mit der geringsten pro Kopf verfügbaren Wassermenge: ein Umstand, der das Konfliktpotenzial von Wasser drastisch verdeutlicht. Laut einer gemeinsamen Studie, die von den vier Wissenschaftsakademien aus den Vereinigten Staaten, Israel, Jordanien und von der Palästinensischen Autonomiebehörde finanziert wurde, wird binnen 40 Jahren das gesamte sich erneuernde Süßwasser der Region für den privaten Sektor benötigt. Bis dahin, so die Forderung der Wissenschaftler, müssen Industrie und Landwirtschaft in der Region vollständig auf entsalztes Meerwasser und aufbereitetes Abwasser umsteigen.[41] Auch wenn Israel seine Wasservorkommen wahrscheinlich effizienter als jedes andere Land nutzt, übersteigt sein Bedarf seit Mitte der Siebzigerjahre die sich jährlich erneuernde Menge.[42] Israel kontrolliert den Wasserverbrauch der Palästinenser im 5890 Quadratkilometer großen besetzten Westjordanland, von wo es rund 40 Prozent seines Grundwassers und mehr als 25 Prozent seines sich erneuernden Wassers bezieht.[43] Den Palästinensern entgeht jedoch nicht, dass die jüdischen Siedler etwa viermal mehr Wasser pro Kopf verbrauchen als sie, und sie erheben den Vorwurf, dass die Tiefbrunnen der Siedler Wasser von ihren weniger tiefen Brunnen abziehen.[44, 45] Israel wird von heute 4,7 Millionen Einwohnern auf etwa acht Millionen Menschen im Jahr 2025 anwachsen.

Die jüdischen Siedler verbrauchen viermal mehr Wasser als die Palästinenser

In Jordanien, dessen Bevölkerung sich von 1,5 Millionen im Jahr 1955 auf 5,7 Millionen im Jahr 1995 mehr als verdreifacht hat, führt der sich zuspitzende Mangel zu einer Verschlechterung der Wasserqualität und zu verstärktem Rückgriff auf Grundwasserreservoire bei gleichzeitig rasch sinkenden Grundwasserspiegeln. Seit Anfang der Neunzigerjahre kommt es in der Hauptstadt Amman trotz Wasserrationierung ständig zu Versorgungsengpässen. Jordanien mit zurzeit jährlich 134 Kubikmeter Wasser pro Kopf nimmt bereits heute alle seine Wasservorräte in Anspruch. Bis zur Mitte dieses Jahrhunderts wird sich die jordanische Bevölkerung voraussichtlich nochmals verdoppeln (bis 2043 nach der niedrigen beziehungsweise bis 2025 nach der hohen Projektion).

In Afrika kämpfen vor allem die Länder südlich der Sahara darum, die sinkende Wassermenge pro Kopf mit den Bedürfnissen ihrer rasch wachsenden Bevölkerungen in Einklang zu bringen. Von den 20 afrikanischen Ländern, die Anfang der Neunzigerjahre vor Ernährungsproblemen standen, ist die Hälfte entweder bereits jetzt von Wasserknappheit betroffen oder wird voraussichtlich bis 2025 in diese Kategorie fallen.[46] Weil sie bislang kaum die finanziellen und technischen Möglichkeiten dazu hatten, brauchen diese Länder Entwicklungen zur Erschließung sich erneuerbarer Wasservorkommen und zu ihrer nachhaltigen Nutzung heute dringender denn je. Zu diesen Ländern gehören neben dem kriegsgepeinigten Somalia, das seit Jahren ohne nationale Regierung auskommen muss, auch Algerien, Kenia, Malawi und Ruanda.

Vor allem Länder südlich der Sahara stehen vor erheblichen Wasserproblemen

Dass die Verfügbarkeit von Süßwasser eine entscheidende Rolle für die Sicherheit der Ernährungsgrundlage spielt, liegt auf der Hand.

Für Länder, die unter Wasserknappheit oder Wassermangel leiden, wird es zusehends schwerer – wenn nicht gar unmöglich –, ihre wachsende Bevölkerung zu ernähren, ohne Getreide (und das darin enthaltene virtuelle Wasser) zu importieren. Die Wasserexpertin Sandra Postel schätzt, dass Wassermangel und Wasserknappheit der Grund für rund ein Viertel des globalen Getreidehandels ist.[47]

Einige Länder haben heute noch genug sich erneuerndes Süßwasser pro Kopf zur Verfügung, werden aber voraussichtlich bis 2025 unter Wassermangel leiden. Stehen heute in Äthiopien jährlich 1758 Kubikmeter pro Person zur Verfügung, werden es im Jahr 2025 nur noch zwischen 1015 und 915 Kubikmeter sein. In Haiti kommen heute auf jeden Einwohner jährlich 1338 Kubikmeter Wasser; 2025 werden es je nach Bevölkerungsentwicklung zwischen 984 und 859 Kubikmeter sein. Marokko, das heute mit jährlich 1058 Kubikmetern pro Kopf schon dicht an der Grenze zum Wassermangel liegt, wird 2025 voraussichtlich mit zwischen 852 und 713 Kubikmetern auskommen müssen.

Regionaler Wassermangel in Indien

Indien, der zweitbevölkerungsreichste Staat der Welt, hat mit durchschnittlich 1882 Kubikmetern pro Kopf ausreichend sich erneuerndes Wasser zur Verfügung. Dennoch leiden viele seiner knapp eine Milliarde Einwohner unter schwerem Wassermangel, insbesondere aufgrund der ungleichen Verteilung des Wassers. Der größte Teil des Regens fällt in der Monsunzeit von Juni bis September. Die Niederschlagsmengen schwanken zwischen zehn Zentimetern pro Jahr in West-Radschastan und 900 Zentimetern in Meghalaja im Nordosten.[48] Überschwemmungen und Dürren sind im ganzen Land keine Seltenheit. Vor allem auf lokaler Ebene entzünden sich immer wieder Konflikte an der Frage der Wassernutzung. Im Dezember 1999 kamen in einem Dorf im Bundesstaat Gujarat 20 Menschen ums Leben, als ein Protestmarsch gegen eine als ungerecht empfundene Wasserverteilung in einen offenen Aufruhr umschlug.[49]

Wie stark Indien unter regionalem Wassermangel zu leiden hat, zeigt sich deutlich im nordwestlichen Bundesstaat Radschastan. Er liegt in einer der unwirtlichsten Dürrezonen der Welt, seine nordwestlichste Region ist ein Teil der riesigen Wüste Thar. Die Temperaturen variieren stark und das Monsunklima ist nur schwer einzuschätzen. Dürre und Wüstenbildung sind verbreitet, Wasser ist häufig knapp. Radschastan, in dem mehr als fünf Prozent der indischen Bevölkerung leben, verfügt nur über ein Prozent der Wasservorräte in Form von Grundwasser, geringen Regenfällen und einem bescheidenen Anteil an grenzüberschreitenden Gewässern.[50]

Zudem wächst die Bevölkerung Radschastans, anders als in anderen Bundesstaaten wie Kerala oder Tamil Nadu, schnell. Neue Untersuchungen ergaben, dass noch Mitte der Neunzigerjahre weniger als ein Drittel der dort lebenden Paare Verhütungsmittel anwendeten. Die Gesamtfruchtbarkeit – die durchschnittliche Kinderzahl pro Frau – lag bei 3,6. Das stellt zwar einen beachtlichen Rückgang gegenüber der Gesamtfruchtbarkeit von 4,5 ein Jahrzehnt zuvor dar, ist aber noch immer weit vom Ersatzniveau der Fertilität von 2,1 Kindern pro Frau entfernt. Angesichts dieser Zahlen muss man davon ausgehen, dass die Bevölkerung Radschastans noch auf Jahre hinaus jährlich um mindestens eine Million Menschen wachsen wird.

Zurzeit stehen in diesem Bundesstaat pro Kopf jährlich 350 Kubikmeter Wasser zur Verfügung, womit Radschastan, wäre es ein eigenes Land, in die Kategorie des absoluten Wassermangels fallen würde.[51] Um die akute Mangelsituation zu beheben, greift der Bundesstaat zwar verstärkt auf Grundwasserreserven zurück. Früher oder später werden diese Vorräte jedoch nicht mehr ausreichen, um den Wasserbedarf der schnell wachsenden Bevölkerung auch nur annähernd zu decken.

Selbst die Bewohner von Gebieten mit starkem Niederschlag leiden häufig unter Wassermangel, weil die Landschaften entwaldet werden und veröden. Viele Böden sind stark verdichtet, sodass der Regen meist abläuft, ehe er in den Untergrund eindringen kann. So kommt es häufig zu Überschwemmungen. Die Region Tschirapantschi in Meghalaja hat im Durchschnitt mit die höchsten Niederschläge weltweit. Doch wegen ihrer starken saisonalen Konzentration und der fortschreitenden Abholzung der Wälder in den letzten Jahrzehnten, die dem steigenden Bedarf an Ackerland und Siedlungsfläche weichen mussten, lässt sich ein großer Teil davon nicht auffangen. Die Region leidet heute drei bis vier Monate im Jahr unter Überschwemmungen, während in der übrigen Zeit meist Trockenheit vorherrscht.[52] Die Bevölkerung mit derzeit über zwei Millionen Menschen nimmt rasch zu, sodass sich der Wassermangel und die Ausbreitung der Wüsten in Tschirapantschi in Zukunft voraussichtlich noch verschärfen werden.

Tabelle 2:

Länder, deren Wasserverbrauch mehr als 100 Prozent der sich erneuernden Wasservorräte beträgt, mit Verdopplungszeit der Bevölkerung

Land	Wasserverbrauch in Prozent der sich erneuernden Wasservorräte	Verdoppelungszeit der Bevölkerung bei der heutigen natürlichen Wachstumsrate in Jahren (*)
Vereinigte Arabische Emirate	1405 Prozent	35 Jahre
Saudi-Arabien	709 Prozent	21 Jahre
Libyen	374 Prozent	20 Jahre
Katar	174 Prozent	33 Jahre
Jemen	135 Prozent	22 Jahre
Usbekistan	115 Prozent	44 Jahre
Jordanien	110 Prozent	19 Jahre
Israel	110 Prozent	46 Jahre
Kuwait	>100 Prozent	23 Jahre
Bahrain	>100 Prozent	29 Jahre

** Ohne Migration, die bei einigen dieser Länder bedeutend ist*

Quellen: Ernährungs- und Landwirtschaftsorganisation der Vereinten Nationen (FAO), „Irrigation in the Near East in Figures", 1997; FAO, „Irrigation in the Countries of the Former Soviet Union in Figures", 1998; Vereinte Nationen, „World Population Prospects: The 1998 Revision".

Andere Indikatoren nicht nachhaltiger Wassernutzung

Wasser aus tiefen Schichten kann nur einmal verbraucht werden

Manche Länder verbrauchen mehr Süßwasser, als sie in Form von sich erneuernden Vorräten besitzen. Beträgt der tatsächliche Wasserverbrauch mehr als 100 Prozent der sich erneuernden Vorkommen, ist der Wasserkonsum dauerhaft nicht nachhaltig. Sich nicht erneuerndes Wasser aus tiefen Grundwasserschichten kann nur einmal verbraucht werden, danach sind die Reserven erschöpft.[53] Heute verbrauchen mehr als ein Dutzend Länder über 100 Prozent ihrer sich erneuernden Vorräte an Süßwasser, Libyen etwa fast das Vierfache.[54]

Obwohl in Libyen zunehmend Wasser entsalzt und wieder aufbereitet wird, musste man dem rasch wachsenden Bedarf entsprechen, indem man auf die Grundwasserreserven im Süden der dünn besiedelten libyschen Wüsten zurückgriff. Da die Bevölkerung Libyens voraussichtlich von heute 5,6 Millionen auf 8,7 Millionen Menschen im Jahr 2025 wachsen wird, werden die Grundwasservorräte unter der Wüste jedoch in den nächsten Jahrzehnten erschöpft sein und die Bevölkerung des Landes zwingen, mit den knappen sich erneuernden Wasservorräten zurechtzukommen.

Wassereinfuhr

Die Abhängigkeit von eingeführtem Oberflächenwasser ist ein weiterer Indikator für die Anfälligkeit einer Bevölkerung für Wassermangel.[55] Länder, deren Wasserversorgung auf grenzüberschreitende Zuflüsse angewiesen ist, werden mit steigendem Wassermangel zunehmend von anderen Ländern abhängig. Ägypten z.B. befindet sich in einer äußerst verletzlichen Position: 97 Prozent des sich erneuernden Wassers stammen aus dem Nil, dem längsten Fluss der Welt. Dementsprechend ist Ägypten fast vollständig von internationalen Zuflüssen abhängig. Der Blaue und der Weiße Nil fließen im Sudan zusammen, Ägypten ist der letzte von neun Anrainerstaaten. Der ehemalige UN-Generalsekretär Boutros Boutros-Ghali sagte 1989 in seiner Funktion als ägyptischer Außenminister vor dem US-Kongress, dass die nationale Sicherheit Ägyptens in den Händen von acht anderen afrikanischen Staaten des Nilbeckens liege.[56]

Die nationale Sicherheit Ägyptens hängt von acht anderen Anrainerstaaten des Nils ab

1959 schlossen Ägypten und der Sudan ein Abkommen über die Verwendung des Nilwassers, an dem jedoch Äthiopien und andere Länder am Oberlauf des Flusses nicht beteiligt waren.[57] In Äthiopien, wo der Blaue Nil entspringt, denkt man inzwischen darüber nach, die Zuflüsse des Nils selbst zu erschließen. Kenia und Tansania planen die Nutzung des Victoriasees, in dem der Weiße Nil entspringt, zur Bewässerung von Ackerland. Burundi, Tansania und Uganda wollen gemein-

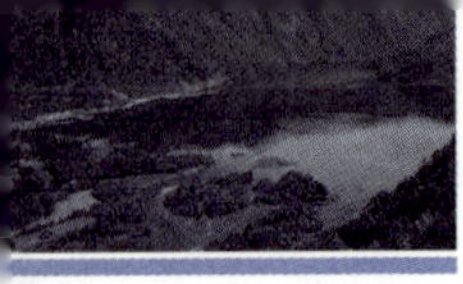

sam den Kagera erschließen, der wiederum den Victoriasee speist.[58] Die ägyptische Bevölkerung wird bis 2025 voraussichtlich von heute 68 Millionen Menschen auf 87 bis 104 Millionen wachsen, doch schon jetzt leidet das Land unter akutem Wassermangel (heute stehen pro Kopf jährlich 852 Kubikmeter zur Verfügung). Der Verbrauch übersteigt die sich erneuernden Wasservorkommen. Ägypten fürchtet zu Recht um seine Wasserversorgung, wenn die Länder am Oberlauf des Nils einen größeren Anteil des Nilwassers beanspruchen. US-Vizepräsident Al Gore brachte die Situation vor einiger Zeit auf den Punkt, als er anmerkte, dass es ungeachtet des raschen Bevölkerungswachstums in allen Nil-Anrainerländern (Verdopplung in 20 bis 30 Jahren) „nicht mehr Nilwasser gibt als zu der Zeit, da Moses im Schilf gefunden wurde“.[59]

Die Nutzung von Nilwasser birgt ein erhebliches Konfliktpotenzial

Tabelle 3:

Länder, deren sich erneuernde Wasservorräte zu mehr als der Hälfte von Zuflüssen aus anderen Ländern abhängen

Land	Prozentsatz des sich erneuernden Wassers von außerhalb der Grenzen	Verdoppelungszeit der Bevölkerung bei der heutigen natürlichen Wachstumsrate in Jahren (*)
Ägypten	97 Prozent	30 Jahre
Niederlande	89 Prozent	139 Jahre
Kambodscha	82 Prozent	28 Jahre
Syrien	79 Prozent	18 Jahre
Sudan	77 Prozent	22 Jahre
Irak	66 Prozent	25 Jahre

** Ohne Migration*

Quelle: Peter H. Gleick, „Effects of Climate Change on Shared Fresh Water Resources“, in: Confronting Climate Change: Risks, Implications and Responses 1992; Vereinte Nationen, „World Population Prospects, The 1998 Revision“.

Regionaler Wassermangel in Kalifornien

Im Vergleich zu anderen Ländern mit Wasserknappheit oder Wassermangel verfügen die Vereinigten Staaten mit jährlich fast 10 000 Kubikmetern Wasser pro Kopf insgesamt über relativ reiche sich erneuernde Wasservorräte. Doch auch dort übersteigt der Wasserbedarf häufig das lokale Angebot. Kalifornien, ein halbtrockener Bundesstaat mit der größten Bevölkerung und einer der höchsten Zuwachsraten, ist ein Beispiel für Wasserkrisen, die auch in den übrigen US-Staaten und in anderen Teilen der Welt zunehmen.

Im letzten Jahrhundert wuchsen viele kalifornische Städte sehr schnell, gleichzeitig entwickelten sich große landwirtschaftliche Bewässerungsflächen. Beides wurde durch massive Bundes-, Staats- und lokale Investitionen in Staudämme, Wasserleitungen, Pumpstationen und Wasserverteilungssysteme ermöglicht. Heute werden im ganzen Bundesstaat gewaltige Wassermengen von wasserreichen in wasserarme Gebiete geleitet. San Francisco erhält Wasser aus der mehrere hundert Kilometer entfernten Sierra Nevada; Los Angeles ist auf Wasser aus dem fernen Monosee, dem Central Valley Project und dem Colorado angewiesen. Doch die besten Standorte für Staudämme sind inzwischen vergeben und die bislang noch nicht genutzten Wasservorkommen liegen weit von den Bevölkerungszentren entfernt. Süßwasser wird in der Region zunehmend knapper.

Darüber hinaus werden die Auswirkungen der kalifornischen Wasserwirtschaft auf die Umwelt immer sichtbarer. In vielen Gebieten ist die Wasserqualität gesunken, wichtige wasserabhängige Ökosysteme sind inzwischen zerstört oder stark beeinträchtigt worden. Zwischen 1987 und 1992 litt Kalifornien unter einer der schlimmsten Dürren seiner Geschichte, die schwere Schäden hinterlassen hat. Die Wasserqualität sank, bedrohte Arten schrumpften auf gefährlich niedrige Bestandszahlen und ganze Fischbestände wurden vernichtet, als mehrere Flüsse und Seen völlig austrockneten. Die kalifornische Bevölkerung von derzeit knapp 30 Millionen Menschen wird voraussichtlich bereits 2015 zirka 40 Millionen zählen.

Diese Schwierigkeiten sind ein Lehrstück, das für viele andere Gegenden und Länder von Bedeutung ist. Auf die Dauer wird die Notwendigkeit, die gegensätzlichen Interessen von Stadtbewohnern, Landwirten, Industrie und natürlichen Ökosystemen auf einen Nenner zu bringen, wie sie jetzt in Kalifornien zutage tritt, überall auf der Welt ernst genommen werden müssen.

Konsequenzen für Gesundheitswesen und Entwicklung

Als einziges Lebewesen hat der Mensch gelernt, sich Wasser in großem Maßstab zunutze zu machen.

In vielen Ländern sinkt der Grundwasserspiegel und die Verseuchung von Flüssen nimmt zu

Der Mensch fängt den Regen in Zisternen auf, staut Flüsse, bohrt Brunnen und entsalzt das Meerwasser. Doch die Bilanz ist zwiespältig. Die Bedürfnisse der modernen Landwirtschaft, der Industrie und des Stadtlebens - vervielfacht durch das Bevölkerungswachstum und den steigenden Lebensstandard - führen zu einem Absinken des Grundwasserspiegels und des Wasserstandes der Flüsse und zu ihrer zunehmenden Verseuchung. Vielfach werden Wasservorräte unbrauchbar, wasserabhängige Ökosysteme verschwinden. In anderen Fällen nimmt die Wasserqualität ab oder man greift in bedenklichem Maße auf sich nicht erneuernde Wasservorräte zurück. Diese Tendenzen werden insbesondere in der zunehmenden Abhängigkeit von Grundwasservorkommen zur Bewässerung von Ackerland und zur Versorgung der rasch wachsenden Stadtregionen sichtbar.

Die Folgen übermäßigen Grundwasserverbrauchs sind überall auf der Welt erkennbar. In den chinesischen Nordprovinzen, in denen zehn Großstädte auf Grundwasser angewiesen sind, sinkt der Grundwasserspiegel der Brunnen von Beijing, Xian und Tientsin bereits um mehr als einen Meter jährlich.[60] Unter der nordchinesischen Ebene, dem Brotkorb des Landes, fällt der Grundwasserspiegel sogar um 1,5 Meter pro Jahr.[61] Die Übernutzung von Grundwasser in Bangkok lässt die Stadt um fünf bis zehn Zentimeter jährlich absacken, die Straßendecken bekommen Risse, Wasser- und Abwasserleitungen brechen auf, es kommt zunehmend zu Meerwassereinbrüchen und Überflutungen.[62] In den frühen Achtzigerjahren sank der Grundwasserspiegel in Texas um ganze 15 Zentimeter jährlich, in letzter Zeit allerdings weniger stark.

Durch die Übernutzung des Grundwassers sinkt Bangkok fünf bis zehn Zentimeter im Jahr

Auch Seen und Flüsse haben unter nicht nachhaltigem Wasserverbrauch gelitten. Der Wasserspiegel des Naiwaschasees in Kenia sinkt, weil die Bauern sein Wasser auf ihre Felder leiten.[63] Weil seine Zuflüsse zur Bewässerung benutzt werden, hat die Fläche des Aralsees in Mittelasien, einst der viertgrößte See der Welt, um die Hälfte abgenommen.[64] Sind Grundwasservorräte und Seen erst einmal stark verschmutzt, sind sie für die Trinkwassergewinnung meist vollständig verloren. Die Behandlung verunreinigten Wassers, insbesondere Grundwassers, kann übermäßig teuer und zeitraubend sein.

Der Abbau von Grundwasser in Saudi-Arabien und den USA

Saudi-Arabien hat weder Flüsse noch Seen und nur zehn Zentimeter Niederschlag im Jahr. Um Wasser zu gewinnen, stützt sich der Wüstenstaat inzwischen auf die Ausnutzung von Grundwasser. Das rasche Wachstum der Industrie und der Städte sowie der steigende Lebensstandard in diesem wohlhabenden Land haben zu einem jährlichen Süßwasserbedarf geführt, der die sich erneuernden Mengen bei weitem übersteigt. Heute deckt das Königreich den weitaus größten Teil seines Wasserbedarfs mit Grundwasserreserven.[65]

Unter Grundwasserübernutzung versteht man die Wasserentnahme, die weit über der Geschwindigkeit der Wiederauffüllung liegt. 90 Prozent des

saudi-arabischen Wasserverbrauchs stammen aus unterirdischen Speichern, die sich vo
Jahrtausenden gebildet haben und heute fast nicht nachgefüllt werden. Trotzdem unte
stützt die saudi-arabische Regierung die Grundwassernutzung durch umfangreiche Sub
ventionen für verschiedene landwirtschaftliche Erzeugnisse. Nahrungsautarkie ist den
saudi-arabischen Staat wichtiger als nachhaltige Wasserverwendung. 1992 flossen Sub
ventionen in Höhe von mehr als zwei Milliarden Dollar in die Produktion von vier Mi
lionen Tonnen Weizen, den man auf dem Weltmarkt für ein Fünftel dieser Summe hätt
kaufen können.[66] Seitdem hat die saudi-arabische Regierung, vor allem aufgrund de
wirtschaftlichen Schwierigkeiten, in die das Land Ende der neunziger Jahre geriet, di
Subventionszahlungen deutlich eingeschränkt.

Schätzungen, wie lange die nationalen Wasservorräte vorhalten werden, gehen we
auseinander. Einer Prognose zufolge könnten sie schon früh im 21. Jahrhundert zur Ne
ge gehen. Die Bevölkerung mit heute über 21,6 Millionen Menschen dürfte im Jahr 202
voraussichtlich über 40 Millionen Menschen zählen. Möglicherweise ist der Grundwas
serabbau dann keine bezahlbare oder realistische Alternative mehr. Die Nahrungs
mittelautarkie kann zwar in Saudi-Arabien für kurze Zeit erreicht werden, doch auf Daue
wird sie sich nicht aufrechterhalten lassen.

Ein anderes Beispiel nichtnachhaltiger Verwendung von Grundwasser geben die Ve
einigten Staaten. Die High Plains-Grundwasserschicht – ein ganzes System von Grund
wasserbecken im Mittelwesten der USA zwischen Süddakota und Texas – ist insgesam
450 000 Quadratkilometer groß. Nach der vorherrschenden geologischen Formation wir
dieses Reservoir oft auch als Ogallala bezeichnet. Das Wasser aus diesem Grundwasse
system war die Voraussetzung, dass sich die Prärien und Plains in eine der Kornkam
mern des Landes verwandelten. Es ist heute nach wie vor die Hauptquelle für eine
großen Teil des amerikanischen Getreidegürtels, der von Texas bis Minnesota reich
Doch in den letzten Jahren machten sich erste Anzeichen von Wasserknappheit und Ve
schmutzung bemerkbar.

In einer halbtrockenen Region mit wenig Niederschlag und wenigen ganzjährige
Flussläufen füllt sich das Ogallala nur sehr langsam auf. Mit moderner Pumptechni
holen die Bauern mittlerweile mehr Wasser aus dem Boden, als die Natur nachliefer
kann. Bis zu vier Liter Wasser werden dort gefördert, wo die Natur nur eine Tasse vo
nachfüllt. So fällt der Grundwasserspiegel, die Pumpkosten steigen, und bisher bewä
sertes Land wird nicht mehr kultivierbar.

Zwischen den Vierzigerjahren und 1980 fiel der Grundwasserspiegel durchschnit
lich um fast drei Meter, in manchen Gegenden von Texas sogar um mehr als 30 Meter.

Zwischen 1974 und 1989 trieben sinkende Grundwasserspiegel die Pumpkosten derart in die Höhe, dass das bewässerte Land im Nordwesten von Texas von 2,4 auf 1,6 Millionen Hektar schrumpfte. Um 1990 wurde der Rückgang der texanischen Grundwasservorkommen auf 24 Prozent geschätzt – ein Verlust von 164 Milliarden Kubikmetern, fast das Sechsfache des jährlichen Wasserverbrauchs des gesamten Bundesstaates. Die verbesserte Wasserwirtschaft hat den Druck auf das Ogallala etwas verringert, doch die Zukunft der Wasserversorgung bleibt problematisch.

Umweltverschmutzung und Krankheit

Die Verschlechterung der Wasserqualität ist besonders in den Entwicklungsländern bedrohlich, in denen viele Millionen Menschen keinen Zugang zu sauberem Trinkwasser haben und die meisten Abwässer ungereinigt in die Oberflächengewässer geleitet werden.[67] In vielen Stadtregionen der ärmeren Länder führen diese Zustände dazu, dass die Menschen in ihrer Not sogar um verseuchtes Trinkwasser konkurrieren.

1980 hatten 1,8 Milliarden Menschen keinen Zugang zu sauberem Trinkwasser, 1,7 Milliarden lebten unter unzureichenden gesundheitlichen Bedingungen. Die Vereinten Nationen erklärten daher die Achtzigerjahre zum Jahrzehnt des sauberen Trinkwassers. In den folgenden zehn Jahren wurden 1,3 Milliarden Menschen an die Wasserversorgung und 750 Millionen an sanitäre Einrichtungen angeschlossen.

Millionen von Menschen haben keinen Zugang zu sauberem Wasser oder sanitären Anlagen

Doch am Ende des Jahrzehnts hatten immer noch 1,2 Milliarden Menschen keinen Zugang zu sauberem Wasser und 1,7 Milliarden Menschen standen keine sanitären Einrichtungen zur Verfügung.[68] Nach Schätzungen der Vereinten Nationen von 1990 sollten im folgenden Jahrzehnt allein aufgrund des ungebremsten Bevölkerungswachstums fast 900 Millionen Menschen hinzukommen, da die Investitionen in die sanitäre Infrastruktur und die Wasserversorgung nicht ausreichten.[69] Diese Prognose war, wie sich am Ende der Neunzigerjahre zeigte, zutreffend (siehe dazu Abb. 4).

Abbildung 4:

Bevölkerung mit und ohne Zugang zu sanitären Anlagen: 1990 bis 2000

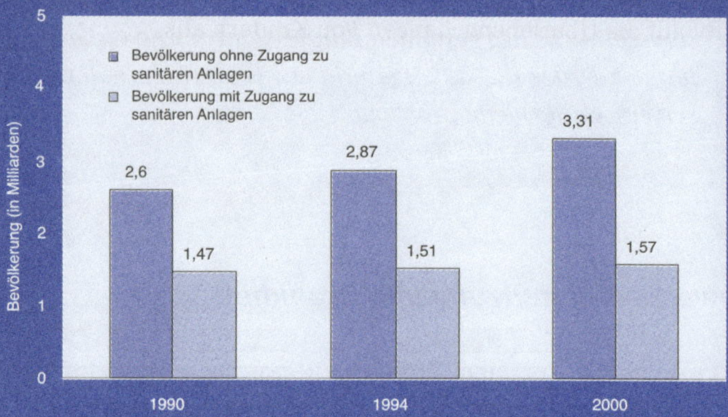

Obwohl die Fortschritte in der Versorgung mit sauberem Trinkwasser in den Entwicklungsländern in den Neuzigerjahren größer waren als erwartet, hat sich die Ausstattung mit sanitären Einrichtungen kaum verbessert. Was an Investitionen in die Infrastruktur getätigt wurde, wurde häufig durch das Bevölkerungswachstum wieder zunichte gemacht.

Quelle: Weltgesundheitsorganisation (WHO) 1997.

In vielen Entwicklungsländern sind die Flüsse verseucht

In vielen Entwicklungsländern überschreitet die Verschmutzung der Flüsse durch ungereinigte Abwässer die empfohlenen Grenzwerte für Trink- und Badewasser mehr als tausendfach.[70] In Mexiko werden in fünf Bundesstaaten Abwässer überhaupt nicht gereinigt. Insgesamt werden in Mexiko nur zwölf Prozent der städtischen Abwässer geklärt. Was nicht behandelt wird, fließt meist in das nächst gelegene Gewässer.[71] In Indien finden sich Badende, verbrannte Leichen und Millionen Tonnen Abwässer gleichermaßen in den heiligen Wassern des Ganges.

Das Trinken und Baden in verseuchtem Wasser ist einer der Hauptverbreitungswege für Infektionskrankheiten. Fast die Hälfte der Weltbevölkerung leidet an wasserbedingten Krankheiten.[72] Die meisten der Betroffenen sind arm, nahezu alle leben in Entwicklungsländern.[73] Wasserbedingte Krankheiten sind die größte Einzelursache der Kindersterblichkeit in den Entwicklungsländern.[74] Allein die Diarrhöe, die durch unreines Wasser oder kontaminierte Nahrung ausgelöst wird, ist für jährlich drei Millionen Todesfälle verantwortlich.[75] Die Ausweitung des Zugangs zu sauberem Wasser wirkt sich sofort positiv auf die Überlebenschancen von Kindern aus.

Die meisten Kinder in Entwicklungsländern sterben durch verunreinigtes Wasser

Abbildung 5:

Wasserqualität und Überlebensrate von Kindern

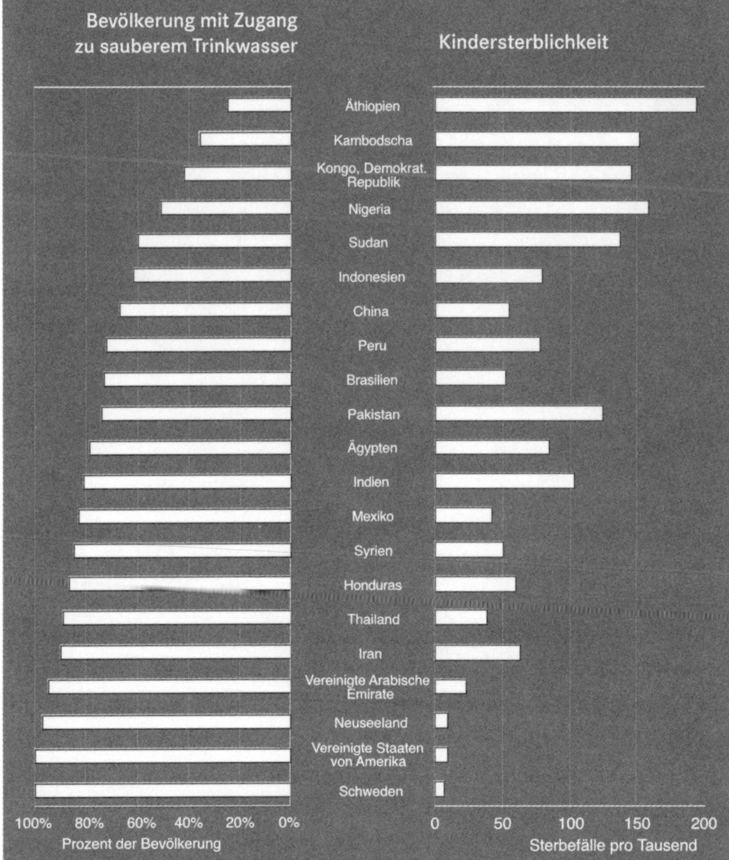

Quellen: World Resources Institute 1998 und UN-Bevölkerungsabteilung 1998.

Da viele Haushalte wegen der Wasserknappheit auf verseuchtes Wasser angewiesen sind, nehmen wasserbedingte Krankheiten wie Schistosomiasis und Cholera zu. Die meisten Cholerafälle treten in benachteiligten Wohngebieten auf, die meist keine Wasserversorgung und Abfallentsorgung besitzen.[76] 1997 wurden in Lateinamerika 1,1 Millionen Cholerafälle gemeldet. Die Epidemie kostete allein Peru über eine Milliarde Dollar, da der Export von Meeresfrüchten zurückging und die Touristenzahlen abnahmen. Die Zahl der Cholerafälle in Lateinamerika ist zwar seit 1994 wieder zurückgegangen, doch hat sich die Zahl der Cholerakranken in Afrika dagegen seit Ausbruch der Epidemie vervierfacht. In Asien ist bereits eine neue Variante des Bakteriums aufgetreten.[77]

Wasserbedingte Krankheiten wie Schistosomiasis und Cholera nehmen zu

Die moderne Verstädterung konzentriert Menschenmengen wie nie zuvor in der Geschichte. Die Städte benötigen eine verlässliche Wasserversorgung und sanitäre Einrichtungen in bisher unbekanntem Maße. Hochrechnungen zufolge wird im Jahr 2006 mehr als die Hälfte der Weltbevölkerung in Metropolen leben. Diese werden in Lateinamerika und der Karibik bis zu 90 Prozent der absolut Armen beherbergen, in Asien 45 Prozent und in Afrika 40 Prozent.[78] Doch der Aufbau städtischer Infrastrukturen kann Jahre dauern. Bereits heute hält diese Entwicklung mit dem Bevölkerungswachstum nicht mehr Schritt.

Die Veränderungen der Landnutzung durch die Verstädterung betreffen auch die sich erneuernden Wasservorräte: Sie verändern und beschleunigen die natürlichen Abflussformen, waschen den Boden aus und forcieren die Verdunstung. Darüber hinaus beeinträchtigt der Abfluss aus den Städten, der häufig giftige Abwasserbestandteile, Abgase und Reifenabrieb aus dem Straßenverkehr und industrielle Schadstoffe enthält, die Wasserqualität schwer.

Abwässer aus den Städten vermindern die Wasserqualität erheblich

Abseits der Städte schränkt auch die fortschreitende Erschließung landwirtschaftlicher Flächen die sich erneuernden Süßwasservorkommen ein. Die Entwaldung und die Auslaugung von Ackerland kann den Wasserkreislauf beschleunigen oder beeinträchtigen und den Zufluss zum Fluss- und Grundwasser gefährden. Die größten Gefahren drohen durch Überschwemmungen, die die Bodenkrume wegspülen und Flüsse, Stauseen und Wasserspeicher allmählich mit Sedimenten verstopfen. Durch das schnelle Bevölkerungswachstum, das in Ländern wie Nepal und Indien die nicht nachhaltigen Landwirtschaftsformen und die Entwaldung vorantreibt, wurde die Wasseraufnahmefähigkeit der Böden im Himalajagebiet stark verringert, sodass Bangladesch am Unterlauf des Ganges und des Brahmaputra immer häufiger von Überschwemmungen heimgesucht wird.[79]

Der Wasserbedarf der Städte in Mexiko und China

In den letzten Jahren haben eine bislang beispiellose Zuwanderung und hohe Geburtenraten in vielen Städten Afrikas, Lateinamerikas und Asiens zu Rekordwerten der Bevölkerungszunahme geführt. Viele Städte wachsen heute zu schnell, um eine ausreichende Wasserversorgung und sanitäre Einrichtungen planen und ausbauen zu können, die für die Gesundheit der Einwohner entscheidend sind. Das städtische Bevölkerungswachstum und die Verschmutzung der vorhandenen Wasservorräte bedroht in den nächsten Jahrzehnten die Versorung mit sauberem Trinkwasser und sanitären Einrichtungen in den Stadtregionen.

Mexiko-Stadt, in der 1995 rund 16,5 Millionen Menschen lebten, ist eine der vielen Städte, in denen der Bedarf an Wasser und sanitären Einrichtungen das Angebot bei weitem überschreitet. Die Stadt deckt ihren Wasserbedarf zu mehr als 80 Prozent mit Grundwasser aus dem nahe gelegenen Mexikotal. Die Übernutzung des Grundwasservorrates führt zu Verschiebungen und Absenkungen der Böden, fallenden Grundwasserspiegeln und zur Verschlechterung der Wasserqualität. Den Stadtplanern bleibt nichts anderes übrig, als zu wesentlich höheren Preisen Wasser aus entfernteren Landesteilen heranzuschaffen. Heute pumpt die Stadt Wasser aus dem Cutzamalafluss durch eine 180 Kilometer lange Leitung, die mehrere Hundert Meter hohe Berge überwindet.

Auf der anderen Seite der Erde, in China, leiden bereits 200 größere Städte unter Wasserproblemen, ein Viertel davon sogar unter akuten Mangelzuständen.[80] *Beijing muss seit den Siebzigerjahren mit chronischem Wassermangel zurechtkommen, im Umkreis von 1000 Kilometern werden deshalb neue Wasservorkommen gesucht. Der Grundwasserspiegel unter der Stadt sinkt jedes Jahr um ein bis zwei Meter und die meisten Wasservorräte der Region sind bereits erschlossen. In Schanghai mussten bereits in den Achtzigerjahren die Wasserentnahmestellen 40 Kilometer flussaufwärts verlegt werden, eine Maßnahme, die mit Kosten in Höhe von rund 300 Millionen Dollar verbunden war. Die übermäßige Entnahme im Mündungsbereich der Flüsse hatte zuvor zum Eindringen von Salzwasser aus dem Ostchinesischen Meer geführt.[81] Die Kosten der städtischen Wasserversorgung werden weiter in die Höhe schnellen, wenn man dem Bedarf an ausreichender Abwasserentsorgung und sanitären Anlagen nachkommt. Nur sieben Prozent der gesamten Abwässer der chinesischen Städte – deren Menge sich allein zwischen 1981 und 1995 verdreifachte – werden geklärt.[82]*

Weltweit verlieren die Stadtregionen erstaunliche Mengen an Wasser aufgrund von Lecks und Rohrbrüchen in den Leitungssystemen. Ein großer Teil dieser Verluste könnte durch bewusste Spar- und Erhaltungsmaßnahmen vermieden werden. Ad-hoc-Programme reichen nicht aus. Da der weitaus größte Teil des künftigen Bevölkerungswachstums in den Städten der Entwicklungsländer stattfinden wird, wird der Bedarf der Haushalte und der Industrie an Wasser und Entsorgung weltweit mit großer Wahrscheinlichkeit weiterhin stark steigen.

Ökosysteme, Klima und globale Umwelt

Zu den Opfern des steigenden Verbrauchs und des Missbrauchs der Wasservorräte gehören auch die Süßwasser-Ökosysteme mit ihren Pflanzen- und Tierarten.

Süßwasser macht zwar nur einen Bruchteil der globalen Wasservorkommen aus, doch dieser Teil beherbergt eine außerordentliche Zahl von Tierarten. Menschliche Eingriffe in die Ökosysteme haben für die meisten Arten direkte Folgen. So versperren Staudämme den Lachsen die Rückkehr in ihre Laichgebiete, giftige und saure Abwässer töten Fische, toxische Metalle rufen bei Wasservögeln Missbildungen hervor und aus dem Boden gewaschene Düngemittel fördern das übermäßige Algenwachstum in den Oberflächengewässern. In China hat das Algenwachstum aufgrund haushaltlicher, landwirtschaftlicher und industrieller Abfälle den Sauerstoffgehalt der Flüsse deutlich gesenkt. Nur fünf von 15 Wasserproben, die kürzlich in der Nähe von Großstädten entnommen wurden, stammten aus Gewässern, die für Fische geeignet waren.[83] Schwermetalle aus Industrieabwässern sammeln sich in Fischen und Muscheln umso mehr an, je höher sie in der Nahrungskette rangieren.

Süßwasser-Ökosysteme reagieren empfindlich auf Verunreinigungen und Überdüngung

Überall auf der Welt verschwinden ganze Süßwasser-Ökosysteme, wenn Flüsse und Küsten erschlossen werden. In den Vereinigten Staaten hat die Florida Bay, die zum größten Teil im Everglades-Nationalpark liegt, einschneidende Veränderungen erfahren, seit die Zuwanderung nach Südflorida in den Vierzigerjahren stark zunahm. Das Gebiet verwandelte sich von einem gesunden Meeresarm und Sportfischerparadies in eine nahezu tote, übersalzene Lagune.[84]

Die globale Erwärmung beeinflusst die Verteilung und Häufigkeit von Niederschlägen

Bei der Planung der künftigen Wassernutzung und -versorgung sollte auch die Gefahr von Klimaveränderungen bedacht werden, die entstehen können, wenn sich die Atmosphäre mit wärmedämmenden Treibhausgasen anreichert. Die genauen Auswirkungen der globalen Erwärmung auf die Wasserversorgung und den Wasserbedarf sind zwar noch nicht vollständig erforscht, doch man kann davon ausgehen, dass sie die Verteilung und die Häufigkeit der Niederschläge, die Lage der Sturmzonen und den Meeresspiegel beeinflussen werden. Nach ersten Untersuchungen aus den Achtziger- und Neunzigerjahren könnte der Nil bis zu einem Viertel seiner jährlichen Wasserkapazitäten verlieren. Ähnlich lauten auch die Prognosen für die Flüsse im Südwesten der USA.[85]

Einige Klimaforscher sagen sogar voraus, dass die globale Erwärmung die Extreme des Wasserkreislaufs verstärken werde und sich Dürren und starke Regenfälle verschärfen, die dann in Form von Überschwemmungen für die Wassergewinnung verloren gehen. Der Mittlere Westen der Vereinigten Staaten beispielsweise wurde kaum fünf Jahre nach der verheerenden Dürre von 1988 von Rekordüberschwemmungen heimgesucht – ein deutliches Zeichen dafür, wie schädlich Klimaextreme für Mensch und Natur sein können. Die Gefahr erheblicher Veränderungen des Klimas und anderer Umweltfaktoren in den nächsten Jahrzehnten unterstreicht die Ungewissheit im Hinblick auf die künftige Wasserversorgung und die Notwendigkeit einer durchdachten, flexiblen und innovativen Planung.

Wasser und Entwicklung

Süßwasserknappheit schränkt zwar den Spielraum des öffentlichen Gesundheitswesens und der Entwicklung von Industrie und Landwirtschaft ein, doch die genaue Beziehung zwischen Wasserversorgung und wirtschaftlicher Entwicklung ist bislang noch unklar. Wohlhabende oder energiereiche Länder können sich für eine gewisse Zeitspanne vom Wassermangel freikaufen, indem sie teure Gewinnungstechniken mit fossilen Brennstoffen betreiben. Doch die ärmsten Entwickungsländer haben meist nicht die finanziellen Mittel und sind zu hoch verschuldet, um diese Möglichkeit zu nutzen. Viele der wasserärmsten Entwicklungsländer müssen aufgrund ihres hohen Bevölkerungswachstums entweder ihren Wasserverbrauch zu Lasten der wirtschaftlichen Entwicklung einschränken oder auf verseuchtes und unreines Wasser zurückgreifen, was meist auf Kosten der Gesundheit der Menschen geht.

Der Zusammenhang von Bruttosozialprodukt und Wasserverbrauch ist zwar noch nicht vollständig geklärt, doch offensichtlich tritt der größte Wasserbedarf in den frühen Entwicklungsphasen eines Landes auf. Mit fortschreitender Entwicklung finden die Menschen Möglichkeiten, durch Erhaltung und Wiederverwendung Wasser zu sparen. Eine Untersuchung der Organisation für Erziehung, Wissenschaft und Kultur der Vereinten Nationen (UNESCO) kam 1985 zu dem Ergebnis, dass der Wasserverbrauch mit steigendem Sozialprodukt zunächst ansteigt, dann aber wieder zurückgeht.[86] Der Wasserverbrauch in den Vereinigten Staaten ist seit 1975 rückläufig, obwohl die US-amerikanische Bevölkerung zunimmt. Dies geht vor allem auf eine effizientere Wassernutzung in der Landwirtschaft und der Industrie sowie auf die Bemühungen der Bundesstaaten und der US-Regierung, die Privathaushalte zum Wassersparen zu bewegen, zurück.[87] Mit Sicherheit kann man davon ausgehen, dass in den Ländern der Wasserbedarf deutlich steigen wird, die sich heute im Prozess der Entwicklung und der Industrialisierung befinden.

Der größte Wasserbedarf tritt wahrscheinlich in frühen Phasen der Entwicklung eines Landes auf

Wasser und Konflikte

Die Knappheit von Ressourcen kann bestehende Spannungen verschärfen und Anlass zu neuen Konflikten geben. Wasser bildet da keine Ausnahme. Die Internationalisierung des Golfkriegs von 1991 wurde zwar vor allem durch die weltweite Angst um die Ölvorkommen verstärkt, doch auch die Wasservorräte der Region spielten in dem Konflikt eine Rolle. Im Rahmen seiner taktischen Möglichkeiten ließ Saddam Hussein die kuwaitischen Entsalzungsanlagen demontieren.

Das Öl, das sich in den Persischen Golf ergoss, beeinträchtigte auch die Produktion der saudi-arabischen Entsalzungsanlagen: ein deutliches Zeichen für die Verwundbarkeit dieser Anlagen und ihre Bedeutung. Wasserkonflikte gibt es in vielen Regionen der Welt, sie reichen von Zusammenstößen zwischen städtischen und ländlichen Wassernutzern im Westen der Vereinigten Staaten bis zu Kriegen im Nahen Osten.

Abbildung 6:

Bevölkerung in Regionen mit Wasserkonflikten, 2000 und 2025 (nach mittlerer Projektion)

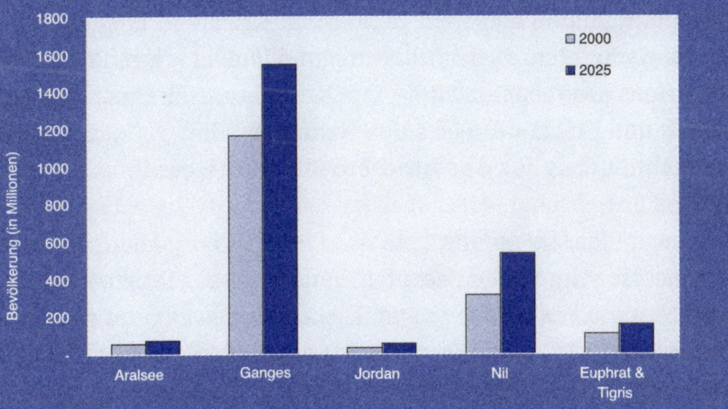

Mehr als 200 Flüsse, Seen und Grundwasserbecken werden von mehr als einem Land genutzt. Konflikte um die Wassernutzung entstehen vor allem in den Gebieten, in denen die Bevölkerung schnell wächst.

Über 200 Süßwassersysteme liegen auf den Territorien mehrerer Länder

Es gibt mehr als 200 Fluss-, Seen- und Grundwasserbecken, die auf den Territorien mehrerer Länder liegen. Mit zunehmender Bevölkerungsgröße wächst die Gefahr regionaler Auseinandersetzungen um die gemeinsamen Ressourcen, vor allem in trockenen und halbtrockenen Gebieten, in denen schon heute Wassermangel herrscht.[88] Es gibt mehr als zehn Ströme, die durch mindestens ein halbes Dutzend Länder fließen. Rekordhalter ist die Donau mit mehr als zwölf Anrainerstaaten. Die meisten Länder des Nahen Ostens teilen sich mit anderen Staaten gemeinsame Grundwasservorkommen.[89] Wo Gewässer internationale Grenzen bilden – und das ist auf allen fünf großen Kontinenten der Fall –, können auch Landverschiebungen durch Auswaschungen oder Ablagerungen zu Streitigkeiten führen, wie etwa im chinesisch-sowjetischen Grenzkrieg von 1966.[90]

Nur wenige Länder denken freiwillig darüber nach, welche Auswirkungen ihr Wasserverbrauch auf die Nachbarländer haben kann. Bis heute wurden mehr als 300 Verträge geschlossen, die allein Wasserrechte regeln, und über 2000 Verträge mit Bestimmungen zur Wassernutzung.[91] Doch die gemeinsam beschlossene Bewirtschaftung internationaler Flüsse ist immer noch eher die Ausnahme als die Regel.

Im Nahen Osten führt Wasserknappheit häufig zu Konflikten

Süßwasserknappheit war in den letzten Jahrzehnten im Nahen Osten die Quelle zahlreicher Konflikte. Die Beziehungen zwischen den meisten Anrainern des Jordanbeckens waren von militärischen Konflikten um den Flusslauf geprägt. Im Krieg von 1967 griffen die Israelis einen jordanisch-syrischen Staudamm am Jarmuk an, einem Nebenfluss des Jordans.[92] Seit dem Krieg kontrollieren die Israelis den größten Teil des Flusses und seiner Quellen und lassen Jordanien kaum genug Wasser für die Bedürfnisse seiner wachsenden Bevölkerung.[93]

Obwohl Jordanien mit täglich 83 Litern pro Kopf den niedrigsten Wasserkonsum im Nahen Osten hat, verbraucht das Land bereits heute 15 Prozent mehr, als die wenigen Niederschläge und der Jarmuk liefern können.[94] Bei einer Bevölkerungsgröße von 6,7 Millionen Menschen ist der Wassermangel in Jordanien inzwischen chronisch. Die Türkei zieht zur selben Zeit mit einem zum Teil bereits fertig gestellten, zum Teil noch im Bau befindlichen Staudammprojekt am Oberlauf des Euphrat die Kritik Syriens und Iraks auf sich. Der Staudamm soll die wachsende türkische Bevölkerung mit Wasser und Strom versorgen. Sowohl Syrien als auch der Irak erwarten einen deutlichen Rückgang der Wasserkapazitäten des Euphrat, wenn das Projekt vollständig realisiert werden sollte.

Der Streit zwischen der Palästinensischen Autonomiebehörde und Israel setzte sich zu Beginn dieses Jahres fort, als im Rahmen der festgefahrenen Abschlussverhandlungen über den israelisch-palästinensischen Friedensprozess auch über den Wasserbedarf und die Wasserrechte der autonomen Regionen verhandelt wurde.

Auch im regenarmen Zentralasien besteht die Gefahr, dass die unterschiedlichen Vorstellungen über die Nutzung der grenzüberschreitenden Gewässer zum Katalysator für Konflikte zwischen den unabhängig gewordenen Staaten Kasachstan, Kirgistan, Tadschikistan, Turkmenistan und Usbekistan werden.[95] „Beim nächsten Krieg im Nahen Osten wird es um Wasser gehen und nicht um Politik", warnte der ehemalige UN-Generalsekretär Boutros Boutros-Ghali bereits 1985 in seiner damaligen Eigenschaft als ägyptischer Außenminister.[96]

Einige Forscher meinen, in einem Jahrzehnt könne Wasser als knappes und kostbares Gut Öl als Hauptanlass für Konflikte und Friedensbemühungen verdrängen. Positiv ist jedoch, dass viele Länder inzwischen damit begonnen haben, mit ihren Nachbarn über die Nutzung der grenzüberschreitenden Wasservorkommen zu verhandeln – und zwar bevor die Differenzen in einen offenen Konflikt ausarten. So haben sich bereits die Anrainerstaaten des Nils zusammengesetzt und gemeinsame Wasser- und Entwicklungsfragen diskutiert. Erst kürzlich hat sich auch Indien bereit erklärt, die Interessen Bangladeschs hinsichtlich der Rückstauhöhe von Dämmen an Flüssen zu berücksichtigen, die durch beide Länder fließen.

Der zunehmende globale Wassermangel kann zu Konflikt oder Kooperation führen

Vielleicht stärkt der zunehmende globale Wassermangel sogar die internationale Kooperation und wird nicht, wie viele befürchten, zum Auslöser neuer Konflikte und Kriege.

Fallstudie: Das südliche Afrika

Eine der vielen Regionen weltweit, in welcher der Druck auf die sich erneuernden Süßwasservorräte seit längerer Zeit deutlich zunimmt, ist das südliche Afrika. Dort kämpfen z. B. Namibia und Botsuana um die Wasserrechte am Okavangofluss. Obwohl es auf den ersten Blick mit reichen Süßwasservorkommen gesegnet zu sein scheint, ist Namibia das trockenste Land südlich der Sahara. Fast 83 Prozent des dort fallenden Regens sind nach kurzer Zeit verdunstet und von dem, was übrig bleibt, erreicht nur ein Prozent die Grundwasserschichten. Alle großen Flüsse, die Namibia durchfließen, versiegen in der mehrere Monate langen Trockenzeit zu dünnen Rinnsalen; anders gesagt, kein einziger namibischer Fluss führt das ganze Jahr über Wasser. [97]

Früher stellte die Wasserversorgung in Namibia selten ein Problem dar. Wenn in der Trockenzeit ein Fluss oder eine Quelle versiegte, zogen die

Menschen einfach weiter. Doch das rasante Bevölkerungswachstum und die Zunahme der Besiedlungsdichte sind mit diesem nomadischen Lebensstil nicht mehr zu vereinbaren. Um seinen Wasserbedarf zu decken, hat Namibia in den letzten Jahren mit einer ganzen Reihe von Maßnahmen zur Wassergewinnung experimentiert – angefangen bei der Meerwasserentsalzung bis zur Ausbeutung fossiler Grundwasserbecken. Meerwasserentsalzung im großen Stil scheitert bislang daran, dass die großen Ballungsräume zu weit im Landesinneren liegen, als dass man das Wasser zu wirtschaftlich vertretbaren Kosten dorthin pumpen könnte. Zudem verbrauchen die Entsalzungsanlagen enorme Mengen an Energie und verschmutzen die Umwelt so sehr, dass der Schaden den Nutzen der Süßwasserproduktion überwiegt. Das exzessive Abpumpen von Grundwasser hat bereits jetzt zu einem gefährlichen Anstieg der Salinität geführt – abgesehen davon, dass die Vorkommen sich rasch erschöpfen.[98]

Aufgrund dieser Probleme will Namibia in Zukunft noch mehr Wasser als bisher aus dem Okavango schöpfen, der die nordöstliche Grenze zu Angola bildet und das ganze Jahr über Wasser führt. Durch die geplante 250 Kilometer lange Pipeline sollen später rund 20 Millionen Kubikmeter Wasser aus dem Fluss abgeleitet werden. Besonders problematisch daran ist, dass diese gewaltige Wasserentnahme verheerende Folgen für das Okavangodelta in Botsuana haben könnte – das größte Flussdelta und zugleich eines der empfindlichsten Ökosysteme der Welt. Auch für die über 100 000 Menschen, die am Rande des Okavangodeltas leben und auf das Flusswasser angewiesen sind, wären die Folgen fatal.[99]

Da sich seine Bevölkerung in den nächsten 20 Jahren voraussichtlich verdoppeln wird[100]*, sieht Namibia in der Pipeline die einzige Möglichkeit, dem steigenden Verbrauch der wachsenden urbanen Zentren auf Dauer gerecht zu werden. Botsuana dagegen befürchtet, dass die Wasserentnahme die artenreichen Marschen des Okavangodeltas und damit die wichtigste Touristenattraktion des Landes in Mitleidenschaft zieht und die fruchtbare Überflutungsebene trockenlegt, auf der die meisten Deltabewohner leben.*[101] *Da der namibischen Hauptstadt Windhuk immer weniger Wasser zur Verfügung steht, wird diese aber einigen Projektionen zufolge in nächster Zukunft Wasser vom 800 Kilometer entfernten Okavango ableiten müssen.*[102] *Der Druck auf beide Regierungen, eine langfristige Lösung auszuhandeln, wird dann weiter zunehmen.*

Fallstudie: Das Nilbecken

Vielleicht das prominenteste Beispiel für die Wechselwirkungen zwischen Bevölkerungswachstum, Wassermangel und internationalen Konflikten ist das Nilbecken im nordöstlichen Afrika. Die zehn Länder, die entweder ganz oder teilweise im Einzugsgebiet des Nils liegen, werden von 40 Prozent der Gesamtbevölkerung des Kontinents bewohnt (auch wenn nicht alle davon im Nilbecken leben) und machen zehn Prozent seiner Fläche aus. Mehr als 85 Prozent des Nilwassers stammen aus dem Blauen Nil, der im Bergland von Äthiopien entspringt.[103] Der weitaus größte Teil des auf jährlich 85 Milliarden Kubikmeter geschätzten Nilwassers wird von Ägypten genutzt, dem letzten Anrainerstaat des Stroms auf seinem Weg ins Mittelmeer.[104]

Der Nil war schon immer die Lebensader Ägyptens, und auch heute beziehen die mehr als 60 Millionen Einwohner des Landes fast ihr gesamtes Süßwasser aus dem Fluss. Früher, als der Oberlauf des Nils nur dünn besiedelt und die Wirtschaft im Nilbecken noch weitgehend traditionell geprägt war, sah Ägypten keinen Grund, sich wegen seiner Abhängigkeit vom Nilwasser Sorgen zu machen. Das hat sich inzwischen grundlegend geändert – insbesondere aufgrund des schnellen Bevölkerungswachstums, der fortschreitenden wirtschaftlichen Modernisierung und dem entsprechend steigenden Wasserverbrauch der stromaufwärts liegenden Länder.

Äthiopien beispielsweise, das erst vor kurzem eine lange Hungersnot überwunden hat, forciert heute seine wirtschaftliche Entwicklung und sein Wachstum. Um den steigenden Wasserbedarf zu befriedigen, hat die äthiopische Regierung den Bau von 200 kleineren Dämmen am Nil in Auftrag gegeben, die dem Fluss jährlich rund 500 Millionen Kubikmeter Wasser entziehen werden. Weitere Dämme zur Stromerzeugung und künstlichen Bewässerung sind bereits in Planung.[105] Zwar wird Äthiopien auch nach Realisierung dieser und weiterer Entwicklungsprojekte nur einen kleinen Teil des Nilwassers abzweigen, aber das kann sich rasch ändern. In Äthiopien sind rund 3,7 Millionen Hektar Land – mehr als die Gesamtfläche Belgiens – für die künstliche Bewässerung geeignet.[106] In Anbetracht einer fast gleich hohen Einwohnerzahl wie Ägypten und eines deutlich schnelleren Bevölkerungswachstums – 2,4 Prozent pro Jahr gegenüber 1,8 Prozent in Ägypten – wird Äthiopien in Zukunft einen großen Teil seiner Landfläche bewässern müssen.[107] *Wenn es die Hälfte seiner Landfläche bewässern würde, würden die Wasserkapazitäten des Nils in Ägypten um etwa 15 Prozent sinken.*[108] *Wasserexperten bezweifeln, dass der Nil ausreichend Süßwasser liefern kann, um die Bewässerungsvorhaben beider Länder gleichermaßen zu versorgen.*[109]

Mit einem ehrgeizigen, auf den Namen „Neues Tal" getauften Landentwicklungsprojekt treibt Ägypten den Einsatz noch weiter in die Höhe. Unter dem Druck der wachsenden Bevölkerung hat Kairo in der westlichen Wüste ein gewaltiges Bewässerungsprojekt gestartet, mit dem es sieben Millionen Ägypter aus dem überfüllten Nildelta weglocken möchte. Nach Fertigstellung des Projekts soll eine Pipeline bis zu fünf Milliarden Kubikmeter Nilwasser aus dem Nassersee in das „Neue Tal" umleiten. Mit dem Wasser sollen die Einwohner mehrerer neuer Städte versorgt und mehr als 200 000 Hektar Wüste – eine Fläche von der doppelten Größe New York Citys – in fruchtbares Ackerland verwandelt werden.[110]

Gleichzeitig plant der Sudan am Zusammenfluss des Blauen und Weißen Nils nördlich der Hauptstadt Khartoum den Bau eines eigenen Staudamms. Die anderen im Nilbecken gelegenen Länder nutzen derzeit nur einen kleinen Teil des Nilwassers. Da die Einwohnerzahl dieser Länder UN-Schätzungen zufolge von heute insgesamt 166 Millionen Menschen auf 267 bis 308 Millionen im Jahr 2025 ansteigen wird, werden diese Länder in Zukunft zur Versorgung der privaten Haushalte, der Landwirtschaft und der Industrie aller Wahrscheinlichkeit nach deutlich mehr auf den Nil zurückgreifen müssen, als es bisher der Fall gewesen ist.[111]

Die ägyptische Regierung betrachtet den vermehrten Zugriff auf das Nilwasser durch die stromaufwärts gelegenen Anrainerländer seit längerer Zeit als eine potenzielle Gefahr für die nationale Sicherheit und hat keinen Zweifel daran gelassen, dass sie zur Sicherung der eigenen Wasserversorgung auch vor einem Krieg nicht zurückschrecken würde. Dank des steigenden Bewusstseins der Regierungen für die Zusammenhänge zwischen der Bevölkerungsentwicklung und dem Wasserverbrauch ist jedoch nicht ausgeschlossen, dass vorausschauende und länderübergreifende Wasserentwicklungsprojekte und diplomatische Initiativen in Zukunft ein solches „Säbelrasseln" überflüssig machen. Zumindest haben sich in den letzten Jahren Vertreter der zehn Nilanrainer zusammengesetzt, um über bereits bestehende – und mögliche neue – Verein-

barungen hinsichtlich der Nutzung dieser gemeinsamen natürlichen Ressource zu verhandeln.[112]

Die Situation am Nil und in anderen grenzüberschreitenden Flussbecken findet weltweit Beachtung. Im März 1997 betonte UN-Generalsekretär Kofi Annan auf dem Ersten Weltwasserforum im marokkanischen Marrakesch, dass der für die nächsten 30 Jahre prognostizierte globale Bevölkerungsanstieg die Verständigung auf kooperative internationale Abkommen über den Umgang mit gemeinsamen Wasserressourcen zu „einer der dringlichsten Angelegenheiten auf der globalen Agenda" macht.[113] *Im Mai desselben Jahres verabschiedete die UN-Generalversammlung eine Konvention zur Formulierung von Richtlinien hinsichtlich der kooperativen Nutzung von internationalen Wasserläufen.*[114]

Das amerikanische Außenministerium und die US-Umweltbehörde betreiben seit einiger Zeit in mehreren Regionen Umweltberatungszentren, die Entwicklungsländern dabei helfen sollen, zwischenstaatliche Lösungen für grenzüberschreitende regionale Probleme wie beispielsweise Süßwassermangel, Entwaldung und Luftverschmutzung auszuhandeln. Ein auf die Wassernutzung im Nilbecken spezialisiertes ostafrikanisches Beratungszentrum wurde vor kurzem in Addis Abeba eröffnet.[115] *Mit diesen Zentren will Washington auch das Bewusstsein für Umweltthemen auf dem diplomatischen Parkett stärken.*

Auch wenn das zunehmende Interesse an der Frage nach der Nutzung des Nilwassers optimistisch stimmt – einem raschen Ausgleich der widerstreitenden Ansprüche auf den Nil stehen auch weiterhin vielfältige politische und wirtschaftliche Interessen im Wege. Das Potenzial in der Region für Wassererhaltungsmaßnahmen und internationale Kooperation ist vorhanden und groß, aber solange die Bevölkerung im Nilbecken weiterhin schnell wächst, scheint eine permanente und alle Seiten zufrieden stellende Lösung wenig wahrscheinlich.

Strategien

„Wasser wird in allen Lebensbereichen benötigt. Oberstes Ziel ist die gesicherte Bereitstellung von Wasser in angemessener Menge und guter Qualität für die gesamte Weltbevölkerung bei gleichzeitiger Aufrechterhaltung der hydrologischen, biologischen und chemischen Funktionen der Ökosysteme, Anpassung der Aktivitäten des Menschen an die Belastungsgrenzen der Natur und Bekämpfung der Vektoren wasserinduzierter Krankheiten."

Agenda 21, die 1992 auf der UN-Konferenz über Umwelt und Entwicklung in Rio de Janeiro von Politikern aus 178 Staaten angenommen wurde.

1992, auf dem Weltgipfel in Rio de Janeiro, waren sich die Regierungen der Welt darin einig, dass mit den Wasservorräten unter vollständiger Berücksichtigung ihrer Grenzen nachhaltig umgegangen werden muss. Doch die Diskussion über Strategien zur Umsetzung der Programme von Rio hat gerade erst begonnen. Die neu gegründete Weltwasserkommission und ihr Organ, der Weltwasserrat, bringen jetzt zwar endlich Politiker und Wasserexperten an einen Tisch, doch noch immer rangiert das Thema Wasser bei den meisten Regierungen und auf internationalen Wirtschaftsgipfeln unter „ferner liefen“.

Doch inzwischen können die Politiker und Planer den Ingenieuren nicht mehr einfach auftragen, neue Wasservorkommen zu erschließen. Sie müssen sich auf eine kluge Bewirtschaftung der nationalen und grenzüberschreitenden sich erneuernden Wasservorräte verlegen. Langfristige Lösungen verlangen zudem die Auseinandersetzung mit dem Bevölkerungswachstum.

Wasser ist eine regionale, keine globale Ressource

Wasser ist eine regionale und keine globale Ressource. Einem jordanischen Bauern hilft es nicht, wenn das Wasser des Amazonas, der rund 15 Prozent des weltweiten Wasserabflusses transportiert,[116] kaum genutzt wird. Doch der Wassermangel entwickelt sich zunehmend zum globalen Problem. Nur wenige Länder sind so reich mit Wasser gesegnet oder dünn genug besiedelt, dass sie von Problemen der Wassermenge und -qualität völlig unberührt bleiben. Da diese Probleme an Umfang und Stärke zunehmen, kann sich kein Land völlig vor den Wasserproblemen in anderen Teilen der Welt verschließen. Der zunehmende Mangel verlangt ein Bewusstsein der Dringlichkeit, an dem es noch weithin fehlt, und ein Zusammenspiel von Strategien auf internationaler, nationaler und lokaler Ebene.

Die effiziente Ausnutzung der Wasservorräte wird immer wichtiger

Die Aussichten auf größere neue Wasserfunde sind in den meisten Gebieten der Welt ziemlich gering. Strategien zu einer effizienteren Nutzung und Erhaltung des Wassers werden somit immer bedeutender für die Wasserwirtschaft aller Länder. Die Wiederverwendung von Wasser, seine effizientere Ausnutzung und die Neuordnung von Wasserrechten eröffnen erhebliche Möglichkeiten zur „Ausweitung“ der Wasservorräte. Japan und Singapur verwenden schon seit Jahren aufbereitetes Abwasser zur Toilettenspülung in Geschäfts- und Wohngebäuden.[117] Während der sechs Jahre langen Dürre, von der Kalifornien Ende der Achtziger-, Anfang der Neunzigerjahre heimgesucht wurde, ging der Wasserverbrauch in dem amerikanischen Bundesstaat bei nur geringen wirtschaftlichen Kosten um 20 Prozent zurück, und zwar aufgrund kommunaler Verbrauchsbeschränkungen, industrieller Umstellungen und verschärfter Bauvorschriften.[118]

Die vielleicht größte Hoffnung im Hinblick auf den weltweiten Wasserverbrauch hängt ironischerweise mit der Verschwendung von Wasser zusammen. Darum kann eine bessere Wasserwirtschaft gewal-

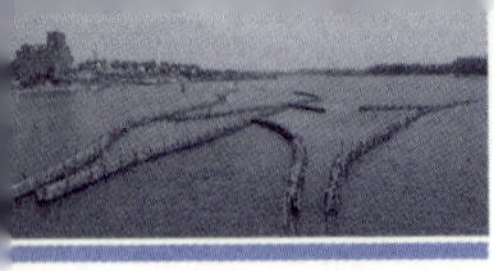

tige Einsparungen erbringen. Nur ein kleiner Teil des Wassers, das auf ein Feld niedergeht, gelangt in die Wurzeln einer Kulturpflanze. Diese einfache Tatsache lässt auf gewaltige Einsparmöglichkeiten bei den zwei Dritteln des gesamten Wasserverbrauchs hoffen, die heute auf die Landwirtschaft entfallen. Allein diese Einsparungen könnten den Wasserbedarf der Haushalte der gesamten heutigen Weltbevölkerung decken. Die israelischen Bauern, deren Tropfbewässerung einen Wirkungsgrad von bis zu 95 Prozent erzielt, haben ihre Nahrungsmittelerzeugung in den letzten 20 Jahren verdoppelt, ohne ihren Wasserverbrauch zu erhöhen.[119] Noch gewaltigere Steigerungen sind möglich, wenn verbesserte Bewässerungsmethoden mit einer sorgfältigen Auswahl von Kulturpflanzen mit geringerem Wasserverbrauch und dem Terrassen- und Höhenlinien-Anbau verbunden werden.

Die Tropfbewässerung in Israel hat einen Effizienzgrad von bis zu 95 Prozent

Weltweit hätte sich mit den Einsparungen durch derartige Effizienzsteigerungen noch Mitte der Achtzigerjahre der gesamte private Wasserverbrauch decken lassen.[120] Ob das heute, nachdem die Weltbevölkerung um mehr als eine Milliarde Menschen gewachsen ist, immer noch möglich wäre, ist zu bezweifeln.

Eine weniger schnelle Zunahme des bewässerten Landes könnte die sich erneuernden Wasservorräte der Welt spürbar entlasten. Schätzungen zufolge werden zur Erzeugung einer einzigen Tonne Weizen rund 1000 Tonnen Wasser benötigt.[121] 1995 wurden weltweit 2500 Kubikkilometer Wasser zu Bewässerungszwecken aus Flüssen und Grundwasserspeichern entnommen, also ein beachtlicher Teil der weltweit 41 000 Kubikkilometer sich erneuernden Süßwassers pro Jahr.[122] Die Bewässerung verschlechtert auch die Qualität des Wassers, das Salze und giftiges Selen aus dem Boden aufnimmt und nach der Verdunstung in der oberen Bodenschicht zurücklässt. Ein großer Teil der bewässerten Fläche der Erde – mindestens ein Fünftel in den Vereinigten Staaten – wird mit Wasser bewirtschaftet, das aus Grundwasservorkommen und Seen mehrere Tausend Mal schneller entnommen wird, als es sich wieder auffüllt, das damit künftigen Generationen nicht mehr zur Verfügung steht.[123]

Zur Erzeugung einer Tonne Weizen werden 1000 Tonnen Wasser benötigt

Die Möglichkeiten einer effizienteren Bewässerung sind zwar sehr groß, doch auch der Bedarf an landwirtschaftlichen Erzeugnissen – und damit auch der nach Wasser zur Bewässerung der Anbauflächen – steigt unaufhaltsam. Die öffentlichen und privaten Investitionen in die Landwirtschaft der Entwicklungsländer halten mit dem

Bevölkerungswachstum nicht mehr Schritt. Mehreren Studien zufolge nimmt die weltweite Nahrungsmittelerzeugung wesentlich langsamer zu als die Weltbevölkerung.[124] Sollen alle Menschen, die im Jahr 2025 voraussichtlich auf der Erde leben, ausreichend ernährt werden, müssen zusätzliche Anbauflächen mit 2000 Kubikkilometer Wasser jährlich künstlich bewässert werden, 24-mal mehr Wasser, als jährlich den Nil hinunterfließt.[125] Die wachsende Weltbevölkerung braucht dringend mehr Wasser, aber auch mehr Nahrungsmittel - und diese beiden Bedürfnisse stehen miteinander in Konflikt.

Strategien zur Wassererhaltung und Bevölkerungsentwicklung

Unter den Wasserexperten wächst die Überzeugung, dass zu den wirksamsten langfristigen Strategien zur Bekämpfung des Wassermangels die Erhaltung und effizientere Nutzung der Wasservorkommen gehören. Der Wassermangel zwingt heute bereits viele Menschen, Wasser effizienter einzusetzen und wieder zu verwenden. Hier besteht zum Teil ein gewaltiges Potenzial für weitere Verbesserungen. Doch auf lange Sicht werden die Investitionen in verbesserte Wassernutzung und -erhaltung nur noch marginale Effekte erzielen. Der Menschheit bleibt keine Wahl: Früher oder später wird sie lernen müssen, mit den verfügbaren sich erneuernden Wassermengen auszukommen.

Die nachhaltige Strategie: Wasservorkommen erhalten und effizient nutzen

Angesichts des raschen Bevölkerungswachstums ist es wichtig, die verhältnismäßig einfachen Zugewinne durch Effizienzsteigerung zu nutzen. In vielen Ländern können Bemühungen um Erhaltung und Effizienzsteigerung Zeit gewinnen, die zwischen dem knappen Ausweg und dem Sturz in die Wasserkrise entscheidet. Eine „blaue Revolution“ auf dem Gebiet der Wasserversorgung und dem Sanitärbereich ist heute so dringlich, wie es die „grüne Revolution“ in der Nahrungsmittelerzeugung war, um die Milliarden Menschen zu ernähren, die seit 1950 zur Weltbevölkerung hinzukamen. Allerdings darf man die Fehler mancher Länder bei der „grünen Revolution“ nicht wiederholen, die auf eine unbeschränkte Zunahme der Nahrungsmittelproduktion hofften und glaubten, ohne soziale Programme zur Verlangsamung des Bevölkerungswachstums auskommen zu können. Die Zunahme der Getreideerzeugung pro Kopf scheint sich heute abzu-

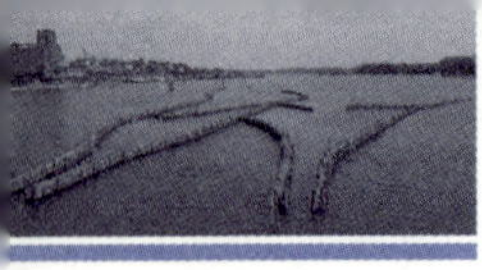

schwächen und auf vergleichbare Weise werden auch die neuen Methoden der Wasserwirtschaft irgendwann an ihre Grenzen stoßen.

Zwar haben sich große Kulturen unter Bedingungen entwickelt, in denen Wasser keineswegs im Überfluss vorhanden war. Auch wird der menschliche Erfindergeist sicherlich weitere Fortschritte und Verbesserungen bei der Erschließung und Bewirtschaftung der Ressourcen hervorbringen. Doch noch bis in die jüngste Zeit gab es so wenig Menschen, dass ein Bruchteil der weltweit sich erneuernden Süßwassermengen ihren Bedarf deckte. Heute leben jedoch über sechs Milliarden Menschen und mit den verfügbaren technischen Möglichkeiten der Erschließung von tiefgelegenen Grundwasserschichten ist man zum ersten Mal in der Lage, in großem Maßstab Süßwasservorräte auszubeuten und zu verschmutzen. Die Regierungen müssen jetzt handeln, um mit dem kurzfristig unvermeidlichen Bevölkerungszuwachs fertig zu werden, der mit hoher Wahrscheinlichkeit den Druck auf die Süßwasservorräte weiter erhöhen wird. Sie müssen Bedingungen schaffen, die eine Stabilisierung der Bevölkerungszahlen begünstigen, solange noch ausreichend Zeit ist, die Bedürfnisse und die natürlichen Ressourcen nachhaltig ins Gleichgewicht zu bringen.

Verschiedene Zukunftsperspektiven

Frauen brauchen mehr Entscheidungsmöglichkeiten über ihr Leben

Besser als jeder Hydrologe oder Stadtplaner wissen die Frauen in den Entwicklungsländern, die das Wasser schöpfen, tragen und zu Hause verwenden, was Wassermangel bedeutet und welche Folgen er für Familien und Gemeinschaften hat. Diese Frauen brauchen bessere Möglichkeiten, ihre Kenntnisse und Energien in Handlungen und Entscheidungen umzusetzen – nicht nur in Bezug auf natürliche Ressourcen wie Wasser, sondern auf ihr ganzes Leben. Realistische Wahlmöglichkeiten für Frauen – im Bildungswesen, im wirtschaftlichen und politischen Leben, in der Familie – könnten die Wasserversorgung und die Lebensqualität von Frauen sehr verbessern. Frauen brauchen auch die Möglichkeit, über die Zahl ihrer Kinder zu entscheiden und diese Entscheidungen gemeinsam mit ihrem Partner oder, wenn nötig, auch selbstständig zu verwirklichen. Bemühungen um eine Verbesserung der Lebensverhältnisse, der Gesundheitsversorgung und des Status von Frauen rechtfertigen sich selbst und würden zusätzlich die Fertilität und die Geburtenraten deutlich senken.

Dieser neue Ansatz in der Bevölkerungspolitik - dass der einzige legitime und gangbare Weg zur Verlangsamung des globalen Bevölkerungswachstums lautet, den Frauen die für die Gestaltung ihres eigenen Lebens notwendigen Mittel in die Hand zu geben - fand 1994 auf der dritten Weltbevölkerungskonferenz in Kairo die einhellige Zustimmung von allen 179 Regierungen. Auf dieser Konferenz vereinbarten die Länder der Welt ein Aktionsprogramm, das die Finanzierung und weltweite Bereitstellung von Dienstleistungen der Familienplanung und reproduktiven Gesundheit vorsieht.

Das Konzept der reproduktiven Gesundheit

Das Konzept der reproduktiven Gesundheit umfasst die gesunde und bewusst reproduktive sexuelle Aktivität des Menschen. Dienstleistungen der reproduktiven Gesundheit sollen Frauen und ihre Partner nicht nur vor unerwünschten Schwangerschaften, sondern auch vor sexuell übertragbaren Krankheiten wie HIV/AIDS schützen. Zu den weiteren Anliegen zählen die gesundheitliche Betreuung von Schwangeren, die Geburtsnachsorge für Frauen und Säuglinge sowie die medizinische Betreuung von Frauen, die unter den Folgen von nicht sachgemäß durchgeführten Schwangerschaftsabbrüchen leiden. Seit einiger Zeit werden im Kontext der reproduktiven Gesundheit auch zunehmend Problembereiche wie Gewalt gegen Frauen und die Menschenwürde verletzende, traditionelle Praktiken wie die Beschneidung von Frauen diskutiert.

Bessere Berufsausbildung junger Frauen

Das Kairoer Aktionsprogramm erkennt auch die Bedeutung einer besseren Berufsausbildung junger Frauen, der sexuellen und reproduktiven Aufklärung der jungen Generationen sowie der weiteren Untersuchung der Zusammenhänge zwischen Bevölkerungswachstum und Entwicklung an. Ein zentrales Prinzip des Abkommens lautet, dass keine Bevölkerungspolitik toleriert werden darf, die Einzelne oder Paare hinsichtlich der Entscheidung, ob sie ein Kind bekommen möchten oder nicht, unter Zwang setzt oder auch nur zur Ausübung eines solchen Zwangs ermutigt.

Es ist ein denkwürdiges und historisches Abkommen, das Jahrzehnte alte internationale Auseinandersetzungen über die Bevölkerungspolitik beigelegt hat. In Anerkennung des legitimen Interesses aller Länder, die eigene Bevölkerungsgröße zu stabilisieren, betont das Programm, dass keine Regierung ihre Bevölkerung mehr

„kontrollieren" kann als die Menschen selbst. Was Regierungen dagegen tun können, ist, in die Menschen zu investieren, vor allem in ihre Fähigkeit, eine verantwortungsbewusste Familienplanung betreiben zu können. Das sind soziale Investitionen, die auch jenseits ihres demographischen Effektes lohnenswert sind. Sie wirken sich nicht nur positiv auf die Gesundheit der Menschen aus, sondern ermöglichen es den Frauen auch, aktiver am sozialen und wirtschaftlichen Leben teilzunehmen. Vor allem aber tragen sie dazu bei, den Zeitpunkt der ersten Schwangerschaft hinauszuzögern, den Zeitraum zwischen zwei Schwangerschaften zu verlängern und die Familiengröße zu reduzieren: Entwicklungen, die das Bevölkerungswachstum spürbar verlangsamen können.

Kernpunkt der Bevölkerungspolitik: eine verantwortungsbewusste Familienplanung

Der in den vergangenen 40 Jahren erzielte Rückgang der globalen Geburtenraten und der Umstand, dass die Weltbevölkerung aller Wahrscheinlichkeit nach deutlich früher wieder schrumpfen wird, lässt sich hauptsächlich auf solche sozialen Investitionen zurückführen. Eine besonders wichtige Rolle hat dabei die Ausweitung des Zugangs zu Dienstleistungen der Familienplanung gespielt. Die durchschnittliche Zahl der Kinder pro Frau ist in manchen Ländern Asiens und Lateinamerikas rascher gesunken als jemals in der Geschichte Europas und Nordamerikas. So brauchten die Vereinigten Staaten fast sechs Jahrzehnte, um von einer durchschnittlichen Kinderzahl von 6,5 pro Familie auf 3,5 zu kommen. Kolumbien bewältigte diesen Rückgang in 15 Jahren und Thailand erreichte das Ersatzniveau von zwei Kindern pro Paar innerhalb von 17 Jahren. Hätte eine Frau heute durchschnittlich fünf Kinder wie in den Sechzigerjahren, so würde die Weltbevölkerung jährlich um 160 Millionen Menschen zunehmen. Da die durchschnittliche Fertilität weltweit jedoch nur 2,6 Kinder pro Frau beträgt, wächst die Weltbevölkerung gegenwärtig um rund 80 Millionen Menschen.

Ohne organisierte Familienplanung gäbe es heute 700 Millionen Menschen mehr

Gäbe es keinerlei organisierte Familienplanung, würden heute schätzungsweise 700 Millionen Menschen mehr auf der Erde leben.[126] Hätten die Nachfrage und das Angebot auf dem Gebiet der Familienplanung in den vergangenen 30 Jahren nicht so gewaltig zugenommen, würden heute viele Regionen der Welt unter weitaus schlimmeren Wasserproblemen leiden, als es der Fall ist. Darüber hinaus haben auch wirtschaftliche und soziale Entwicklungsmaßnahmen – und zwar vor allem solche, von denen auch die Frauen profitierten –,

Handeln für die Zukunft

wesentlich zur Verringerung des Bevölkerungswachstums beigetragen. Aktuelle Maßnahmen zur Verbreitung und Verstärkung dieser Tendenzen könnten sich noch viel stärker auf die Süßwasserversorgung im nächsten und in den folgenden Jahrhunderten auswirken.

Abbildung 7:

Entwicklung der jährlichen Wasserverfügbarkeit pro Kopf in Indien und China in Abhängigkeit von zwei verschiedenen langfristigen Bevölkerungsszenarien

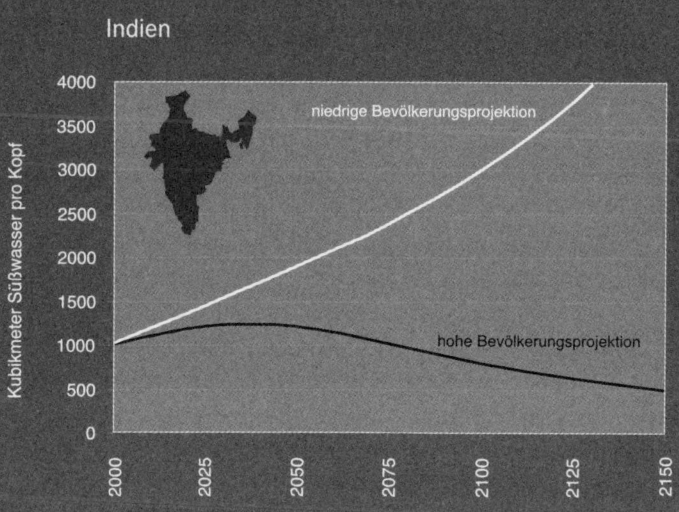

Je nachdem, ob man die hohe oder die niedrige UN-Projektion des Bevölkerungswachstums zugrunde legt, wird sich die Bevölkerung Indiens um das Jahr 2025 stabilisieren und sogar leicht zurückgehen, was die jährlich pro Kopf verfügbare Wassermenge erhöhen und das Land über die Grenze der Wasserknappheit heben würde. Nach der hohen Projektion würde die indische Bevölkerung weiter wachsen und zunächst unter Wasserknappheit und letztlich unter Wassermangel leiden.

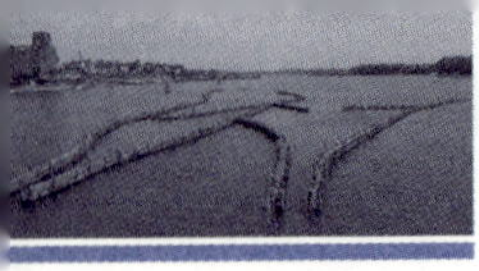

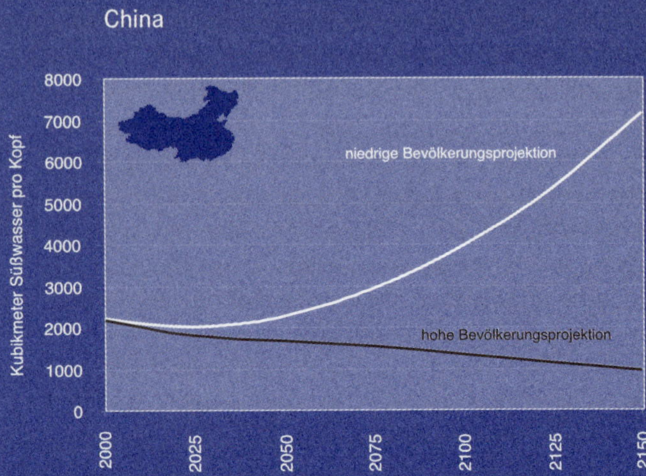

Auch in China würde die Bevölkerung nach der niedrigen UN-Projektion um 2025 ein Maximum erreichen und dann bis 2150 langsam abnehmen. Das würde zu einem Anstieg der jährlich pro Kopf verfügbaren Wassermenge führen und das Land davor bewahren, unter den Grenzwert für Wasserknappheit zu sinken. Nach der hohen Projektion würde die Bevölkerung Chinas kontinuierlich weiter wachsen und 2055 Wasserknappheit und um 2145 Wassermangel eintreten.

Quellen: Vereinte Nationen 1998 und WR 1998

In Indien und China lebt mehr als ein Drittel der Weltbevölkerung

Die Bedeutung der großen Unterschiede, die sich je nach dem zugrunde liegenden Szenario des Bevölkerungswachstums für die Mitte des 22. Jahrhunderts ergeben, lässt sich an ihren Konsequenzen für die Menge des sich erneuernden Süßwassers pro Kopf in Indien und China ermessen. Nur für diese beiden Länder gibt es heute Vorausschätzungen bis 2150, aber immerhin werden sie insgesamt von mehr als einem Drittel der Weltbevölkerung bewohnt. Für 2025 zeichnet sich in beiden Ländern der Anfang einer Auseinanderentwicklung der möglichen Wassermengen pro Kopf ab, zwischen 2050 und 2075 laufen die Varianten dramatisch auseinander. Die Projektion des stärksten Fertilitätsrückgangs führt zu relativer Wassersuffizienz pro Kopf, der geringste Rückgang dagegen in Indien kurz nach 2050 und in China um 2150 zu Wassermangel.

Die sich erneuernde Wassermenge pro Kopf in einem Land ist nicht bloß eine Rechengröße für eine wichtige natürliche Ressource. Das Vorhandensein und der Zugang zu sauberem Wasser und sanitären Einrichtungen gehören zu den wichtigsten Voraussetzungen für die Gesundheit jedes einzelnen Menschen. Ohne ausreichende Wasserversorgung werden wirtschaftliche Entwicklung unmöglich und Konflikte über die knappen Ressourcen zusehends wahrscheinlicher. Langfristige Nachhaltigkeit erfordert den Wechsel von sich nicht erneuernden zu sich erneuernden Süßwasservorräten, eine neue Sensibilität für die Dringlichkeit der Wassererhaltung und letztlich eine Stabilisierung der Bevölkerungsgröße.

Sauberes Wasser und sanitäre Einrichtungen sind Grundvoraussetzungen für Gesundheit

Umfangreiche Erfahrungen aus der ganzen Welt haben gezeigt, dass eine qualitativ einwandfreie, freiwillige Familienplanung, die auf breiter Basis den Männern und Frauen im fortpflanzungsfähigen Alter zur Verfügung steht, die Geburtenrate unabhängig von anderen sozialen und wirtschaftlichen Faktoren senken kann - abgesehen davon, dass sie zahllosen Frauen und Kindern das Leben retten und vielen Frauen eine Ausbildung und die Annahme einer bezahlten Tätigkeit ermöglichen kann. Neuere Untersuchungen weisen auch darauf hin, wie wirksam Familienplanungsprogramme in Verbindung mit verbesserten Möglichkeiten für Frauen sein können, insbesondere weiterführende Schulen für Mädchen. Bemühungen auf dem Gebiet der Familienplanung und Bildung scheinen vielleicht von den Sorgen der Hydrologen und Ingenieure weit entfernt zu sein, doch sie spielen eine ebenso wichtige - und langfristig sogar eine größere - Rolle für die zukünftige Wasserversorgung.

Der weltweite Rückgang der Geburtenraten ist so stark ausgefallen, dass manche Beobachter sich inzwischen schon besorgt fragen, ob sich das Wachstum nicht zu sehr verlangsamt und ab Mitte des Jahrhunderts zu einem realen Rückgang der Weltbevölkerung führen könnte. (In einigen Ländern trägt zwar auch die von der HIV/AIDS-Epidemie und anderen Ursachen ausgelöste höhere Sterblichkeit zu einer Verlangsamung des Bevölkerungswachstums bei, was bei aller Tragik aber eine weit geringere Rolle als der Rückgang der Geburtenraten spielt.) Solche Befürchtungen sind verfehlt oder bestenfalls verfrüht. Es stimmt, dass in Japan und einigen europäischen Ländern die Bevölkerungen bereits abnehmen oder diese Entwicklung in absehbarer Zeit einsetzen wird. Doch wie lange dieser Trend anhält und wie er

HIV/AIDS spielt kaum eine Rolle für eine Verlangsamung des Bevölkerungswachstums

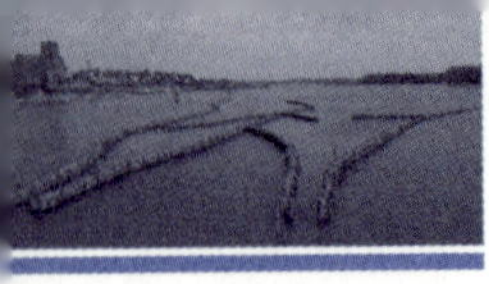

sich auf diese Gesellschaften auswirkt, liegt völlig im Dunkeln. Was die Umwelt – beispielsweise die sich erneuernden Süßwasservorräte – betrifft, sind mit zeitweiligen und mäßigen Bevölkerungsrückgängen, dort wo sie auftreten, eher positive Folgen verbunden.

Für die meisten Länder und Menschen auf der Erde liegt die Hoffnung auf stabile oder gar zurückgehende Bevölkerungszahlen jedoch in weiter Ferne. Es gibt keinerlei Anlass, weitere Rückgänge der Geburtenrate zu fürchten. Im Gegenteil, wir haben jeden Grund, diese Länder durch auf Frauen abzielende Förderprogramme im Gesundheits-, Bildungs- und Wirtschaftssektor zu ermutigen, Maßnahmen zu ergreifen, die auch ungeachtet der jeweiligen Einstellung zu Fragen der Bevölkerungsentwicklung durchgeführt werden sollten. Zu den vielen Vorteilen einer solchen Politik zählt auch, dass sie eine neue Grundlage für die Erhaltung der begrenzten Vorräte des Planeten an sich erneuerndem Süßwasser und damit auch den Schutz des von ihm abhängigen Lebens bilden kann.

Die Bevölkerung der meisten Länder wird weiter zunehmen

Welche Maßnahmen auch immer ergriffen und durchgesetzt werden – wegen der Rekordzahl an Menschen, die in den nächsten beiden Jahrzehnten das zeugungsfähige Alter erreichen, werden die demografischen Folgen niedrigerer Geburtenraten erst weit im neuen Jahrhundert spürbar werden. Die positiven Auswirkungen der Programme und Maßnahmen, welche zu einem Absinken der Geburtenrate beitragen, treten dagegen – einmal abgesehen von dem Effekt auf die Bevölkerungszahlen – unmittelbar ein. Dazu zählt nicht zuletzt, dass sie Frauen neue Spielräume in der Familienplanung eröffnen und es ihnen dadurch erlauben, mit und für die Erhaltung wichtiger natürlicher Ressourcen wie beispielsweise Süßwasser zu arbeiten.

Die Maßnahmen und Programme müssen heute wirksam werden

Wenn die neuen Programme und Maßnahmen nicht schon heute wirksam werden, wird es aufgrund der Dynamik der Bevölkerungsentwicklung auch später in diesem Jahrhundert zu keiner Stabilisierung der Weltbevölkerung kommen. Wir werden den Kampf um die Erhaltung der natürlichen Ressourcen verlieren, wenn wir das Problem nur schrittweise angehen, d.h. zwar sofort Maßnahmen zum direkten Schutz der natürlichen Ressourcen ergreifen, aber die Frage der Bevölkerungsentwicklung auf die lange Bank schieben. Wir müssen beides gleichzeitig in Angriff nehmen: Maßnahmen, die zu einem höheren Lebensstandard und zu einem geringeren Bevölkerungswachstum beitragen, und Maßnahmen, die uns helfen, besser mit dem verfügbaren Wasser umzugehen und neue Wege zu finden, wie wir den in Zukunft unausweichlich höheren Wasserbedarf nachhaltig decken können.

Die rasche Stabilisierung der Weltbevölkerung ist von entscheidender Bedeutung

Wenn der Aufruf zu einer nachhaltigen Entwicklung kein leeres Wort bleiben soll, wenn die Länder der Welt die Aufgabenstellung des Weltgipfels in Rio 1992 wirklich ernst nehmen wollen, die natürlichen Ressourcen so zu nutzen, dass sie auch noch künftigen Generationen zur Verfügung stehen, dann ist - egal, welche Strategie man wählt - eine rasche Stabilisierung der Bevölkerung entscheidend. Wir müssen mit den Wasservorräten so umgehen, dass jeder Mensch sich erneuerndes sauberes und gesundes Wasser in reichlicher Menge für sein Überleben, seinen Wohlstand und seine Lebensqualität zur Verfügung hat. Und wir müssen die Zahl der Menschen stabilisieren, damit sie nicht nur durch die heute verfügbare Wassermenge, sondern auch in Zukunft durch die Ressourcen der Erde versorgt werden kann.

Datenquellen und Methoden

Die Bevölkerungsdaten für diesen Bericht beruhen hauptsächlich auf den Bevölkerungsschätzungen und -projektionen der Bevölkerungsabteilung der Vereinten Nationen weltweit und für einzelne Länder, vor allem auf den 1998 veröffentlichten und auf den den Zeitraum bis 2025 abdeckenden Länderprognosen. Einige der globalen, regionalen und länderspezifischen Daten stammen aus den 1999 herausgegebenen Langzeitprojektionen der Vereinten Nationen bis zum Jahr 2150.

Diese Projektionen sind keine Voraussagen, sondern Berechnungen zukünftiger Bevölkerungsentwicklungen aufgrund bestimmter Annahmen über die Entwicklung der Fertilität, Sterblichkeit und Wanderung. Die größten und kleinsten Werte der künftigen demografischen Größen, die die UN-Demographen für plausibel halten, werden in die entsprechenden Formeln eingesetzt und es ergibt sich eine obere und eine untere Projektion sowie eine ungefähre mittlere Projektion. In allen Fällen wird eine sinkende Fertilität angenommen. Die UN-Bevölkerungsdaten stimmen weitgehend mit den Zahlen der Weltbank und anderer Organisationen überein, die ebenfalls demografische Analysen anstellen, beispielsweise mit den Untersuchungen des *Internationalen Instituts für Angewandte Systemanalyse* im österreichischen Laxenburg. Der vorliegende Bericht stützt sich auch auf einige Bevölkerungszahlen für 1999 aus den jährlichen Veröffentlichungen des *Population Reference Bureau* in Washington, D.C..

Die Wasserdaten für den vorliegenden Bericht stützen sich auf Daten von Experten aus den Vereinigten Staaten, Frankreich und der ehemaligen Sowjetunion, die vom *World Resources Institute* zusammengestellt und analysiert und in dem Jahrbuch der Organisation, *World Resources 1998-99*, veröffentlicht wurden. Die beiden in Tabelle 12.1 mit „Insgesamt national verfügbare sich erneuernde Wasserressourcen" und „Jährlicher Oberflächen-Zufluss aus anderen Ländern" überschriebenen Kategorien des Jahrbuchs haben wir in diesem Buch zu einer Kategorie zusammengefasst. Die Daten zu den asiatischen (mit Ausnahme der zum Nahen Osten zählenden) Staaten sowie den aus der ehemaligen Sowjetunion hervorgegangenen Ländern stammen aus zwei Publikationen der Ernährungs- und Landwirtschaftsorganisation der Vereinten Nationen (FAO): *Irrigation in the Former Soviet Union in Figures*

(1997) und *Irrigation in Asia in Figures* (1999). Diese Angaben sind aktueller als die vom *World Resources Institute* verwendeten Daten.

Die im Text und einigen der Abbildungen und Kästen abgedruckten ergänzenden Zahlen und Angaben stammen aus den Arbeiten Sandra Postels vom *Global Water Policy Project* in Amherst sowie von Peter H. Gleick vom *Pacific Institute for Studies in Development, Environment, and Security* in Oakland, Kalifornien. Viele dieser Daten stammen aus Gleicks Buch *Water in Crisis* von 1993. Alle Zahlen über verfügbares Wasser beruhen auf Messungen der Wassermengen der Flüsse in den einzelnen Ländern, wobei die Verdunstung auf der Basis der lokalen Klimadaten berechnet und abgezogen wurde.

Die im vorliegenden Bericht benutzten Grenzwerte für Wasserknappheit und Wassermangel wurden dem Wasseringenieurwesen entnommen und verfeinert von Dr. Malin Falkenmark, Professorin für Internationale Hydrologie. Falkenmark, die dem schwedischen naturwissenschaftlichen Forschungsrat angehört, hat Bahnbrechendes zu Fragen der Bevölkerung und der sich erneuernden Wassermengen geleistet. Sie drückt die Grenzwerte als Zahl der Menschen pro „Flusseinheit" Wasser (d.h. eine Million Kubikmeter pro Jahr) aus. Bei 600 Personen pro Flusseinheit beginnt für sie Wasserknappheit, bei 1000 Wassermangel und bei 2000 der absolute Wassermangel. Analog zum Vorgehen anderer Wasserexperten wird im vorliegenden Bericht stattdessen die Wassermenge pro Kopf berechnet. So ergeben sich 1667 (oder gerundet 1700) Kubikmeter als Grenzwert für Wasserknappheit und 1000 als Grenzwert für Wassermangel.

Die Informationen über die sich erneuernden Süßwassermengen sind recht unterschiedlich. Für einige Weltgegenden gibt es keine Daten über den Niederschlag und die Wasserführung der Flüsse. Man ist sich international noch nicht einmal einig, wie die sich erneuernde Süßwassermenge zu definieren und zu messen ist. Einige Wissenschaftler verstehen darunter nur das Wasser, das innerhalb eines Landes als Regen oder Grundwasser seinen Lauf beginnt. Andere rechnen auch Oberflächen- und Grundwasserzuflüsse aus Nachbarländern hinzu. Länder am Unterlauf eines Flusses können sich nicht auf Wasser verlassen, das die Nachbarn am Oberlauf eines Tages selbst in Anspruch nehmen könnten. Doch in den hydrologischen Berechnungen führt die begriffliche Beschränkung des sich erneuernden Wassers auf das Inland dazu, dass einige Länder als viel zu wasserarm erscheinen. So würden in Ägypten, ließe man den Zufluss des Nils unberücksichtigt, rechnerisch nur 31 Kubikmeter sich erneuernden Süßwassers pro Person jährlich zur Verfügung stehen. Rechnet man ihn hinzu, jedoch 852 Kubikmeter. Bei Ausschluss des Rheinwassers für die Niederlande würde der Wert für die verfügbare Wassermenge pro Kopf auf ein Achtel sinken und das Land - für die Bewohner der Niederlande wohl kaum vorstellbar - als unter Wassermangel leidend gelten. Daher sind im vorliegenden Bericht die Zuflüsse aus anderen Ländern eingerechnet, soweit Angaben dazu vorliegen.

Die Zusammenfassung der inländischen und der von außen zufließenden sich erneuernden Wassermengen übertreibt die verfügbaren Wassermengen in Flussbecken, die zu mehreren Ländern gehören. Das Wasser von Flüssen, die wie Donau und Nil viele Länder durchqueren, wird dann möglicherweise mehrfach gezählt. Die hier angewandte Bilanzierungsmethode vermittelt also nur so lange ein richtiges Bild von der verfügbaren Wassermenge, wie die Länder am Oberlauf genutztes Wasser wieder in den Fluss zurückleiten.

Abbildung 8:

Verfügbarkeit von sich erneuerndem Süßwasser in den Ländern des Nilbeckens 2025 (nach mittlerer Projektion)

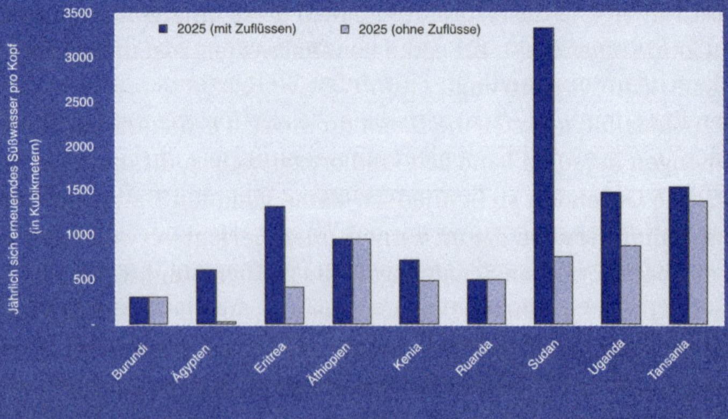

Quelle: Peter H. Gleick, Pacific Institute for Studies in Development, Environment, and Security.

Die Diskrepanzen, die durch diese Bilanzierungsmethode entstehen können, zeigen sich an einer Aufstellung der Wassermenge pro Kopf in neun der zehn Anrainerstaaten des Nilbeckens. Die Demokratische Republik Kongo (das ehemalige Zaire) bleibt unberücksichtigt, weil es hauptsächlich im Flussgebiet des Zaire und nicht des Nils liegt. Wie Abbildung 8 deutlich macht, würden die weiter flussabwärts gelegenen Nilanrainer über deutlich weniger sich erneuerndes Süßwasser pro Kopf verfügen, könnten sie das vom stromaufwärts liegenden Anrainer zufließende Wasser nicht nutzen. Viele dieser Angaben müssen also als optimistische Bewertungen oder Idealfall-Szenarien gelten, die voraussetzen, dass die oberen Anrainerstaaten nicht zu einer nennenswerten Ableitung von Flusswasser übergehen, das nicht wieder zurückgeleitet wird und somit den späteren Anrainern nicht mehr zur Verfügung steht. Bei fortgesetztem Bevölkerungswachstum wird man jedoch immer weniger davon ausgehen können.

Eine weitere Komplikation liegt in der Unsicherheit der Schätzungen für die Grundwasservorräte einschließlich der grenzüberschreitenden Grundwasserströme. Die Schätzungen für das Grundwasser der Erde bewegen sich zwischen vier und 60 Millionen Kubikkilometer[127] – in jedem Fall eine gewaltige Menge. Doch das meiste davon liegt so tief in der Erde, dass es nicht zugänglich ist. Damit es als sich erneuernd gelten kann, darf es nicht schneller abgezogen werden, als es sich wieder auffüllt. Teilweise fließt Grundwasser unter Staatsgrenzen durch, doch seine Quantität und Qualität ist nur schwer zu beurteilen und die Hydrologen halten diese unterirdischen Zuflüsse in kaum einem Land für einen nennenswerten Bestandteil der sich erneuernden Wassermenge.

Im Idealfall müssten die Daten für die sich erneuernden Süßwassermengen in jedem Land zeit- und ortsspezifisch differenziert sein. Für viele Gegenden stehen jedoch keine genauen Daten zur Verfügung, daher beruhen die im vorliegenden Bericht verwendeten Zahlen auf bestmöglichen Schätzungen, die zeitliche und räumliche Mittelwerte berücksichtigen. Die Zusammenfassung der neuesten Daten über die inländischen sich erneuernden Wassermengen mit den Zuflüssen für 154 Länder liefert ein einigermaßen realistisches, wenn auch optimistisches Bild der verfügbaren Wassermengen, das den Vergleich von Ländern und innerhalb der Länder die Berücksichtigung der Bevölkerungsentwicklung ermöglicht.

Diese Angaben der Wassermengen sagen wenig über die Wasserqualität aus. Die Bevölkerungsgröße und ihre regionale Verteilung kann einen wesentlichen Einfluss auf die Sauberkeit und den hygienischen Zustand des Süßwassers haben. Eine Untersuchung des *New York Botanical Garden's Institute of Ecosystem Studies* von 1991 über die Nitratbelastung von 42 größeren Flüssen kam so zu folgendem Ergebnis: „Die Bevölkerungsdichte in einem Quellgebiet ist der beste Prädiktor für die Nitratkonzentration im Fluss und seinen Export.“ (Nitrat ist ein Wasserschadstoff, der aus menschlich erzeugten Abwässern, der Landwirtschaft und der Entwaldung stammt.) Doch verlässliche Daten über die Wasserqualität sind heute nur für bestimmte Gebiete in wenigen Ländern vorhanden. Eine umfassende Untersuchung der Auswirkung von Bevölkerungsvariablen auf die Wasserqualität würde bessere Daten und eine komplexe Analyse erfordern, die bislang noch nicht vorhanden sind.

Man sollte sich jedoch klarmachen, dass Wasser entnommen und genutzt werden kann, ohne verbraucht zu werden. Wasser, mit dem ein Feld bewässert wird, kann mit etwas geringerer Qualität in den Fluss zurückfließen – soweit es nicht verdunstet oder von den Pflanzen aufgenommen wird – und flussabwärts erneut zur Bewässerung verwendet werden. Verbrauchtes Wasser dagegen, etwa Trinkwasser, kann (ohne teure Behandlung) nicht für menschliche Zwecke wieder verwendet werden. Dieser Unterschied kann wichtig sein, weil in manchen Ländern die Wasserentnahme, im Unterschied zum Wasserverbrauch, schon höher ist als die natürliche Zulieferung. Wenn die Hydrologen von Wassernutzung sprechen, meinen sie im Allgemeinen nur die Entnahme.

Die Wasseranalytiker benötigen dringend bessere Daten darüber, wo und wann Wasser verfügbar ist und wie es genutzt wird. Der Ruf nach besseren Daten war eines der Hauptergebnisse einer internationalen Konferenz über die Wasserversorgung, die 1992 in Dublin stattfand. Erst in den letzten Jahren wurden umfassendere Länderdaten über die sich erneuernden Wassermengen verfügbar. Ohne diese wäre eine Untersuchung der Beziehungen zwischen Bevölkerungsentwicklung und sich erneuernden Wassermengen kaum möglich.

Erklärung der Grafik

Bevölkerungsentwicklung und Verfügbarkeit von Wasser 1975, 2000 und 2025

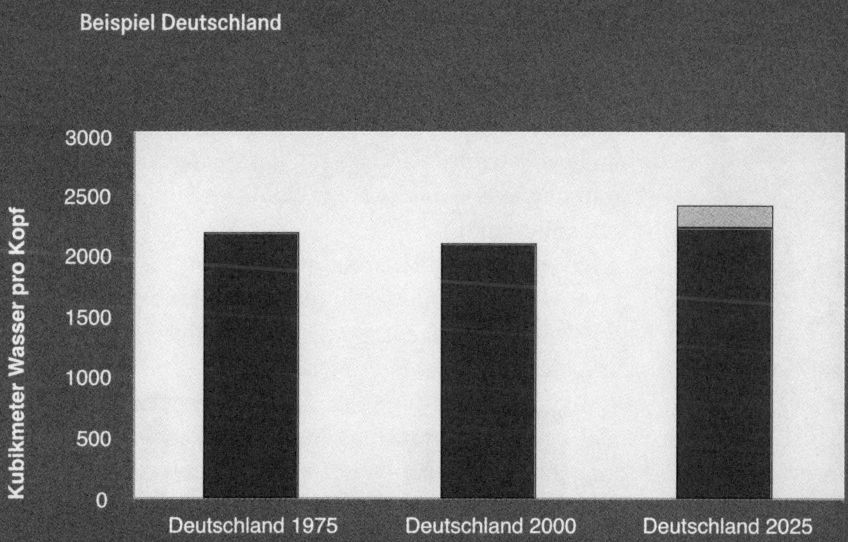

Die erste Säule stellt die Verfügbarkeit von Süßwasser pro Kopf im Jahr 1975 dar. Sie basiert auf der gesamten verfügbaren Süßwassermenge und der Bevölkerungsdichte dieses Jahres in Deutschland. Die zweite Säule gibt die gleiche Information wider und basiert auf der mittleren Bevölkerungsprojektion für das Jahr 2000. Der untere Teil der dritten Säule (dunkelblau) repräsentiert die Verfügbarkeit von Süßwasser im Jahr 2025 nach der hohen Projektion der Bevölkerungsentwicklung. Die Gesamtsäule von 2025 bezieht sich auf die niedrige Bevölkerungsprojektion, d. h. der hellblaue Teil entspricht der dann zusätzlich verfügbaren Wassermenge pro Kopf.

Bevölkerungsentwicklung und Verfügbarkeit von Wasser 1975, 2000 und 2025

Anordnung der Länder in der Reihenfolge der Werte von 2000

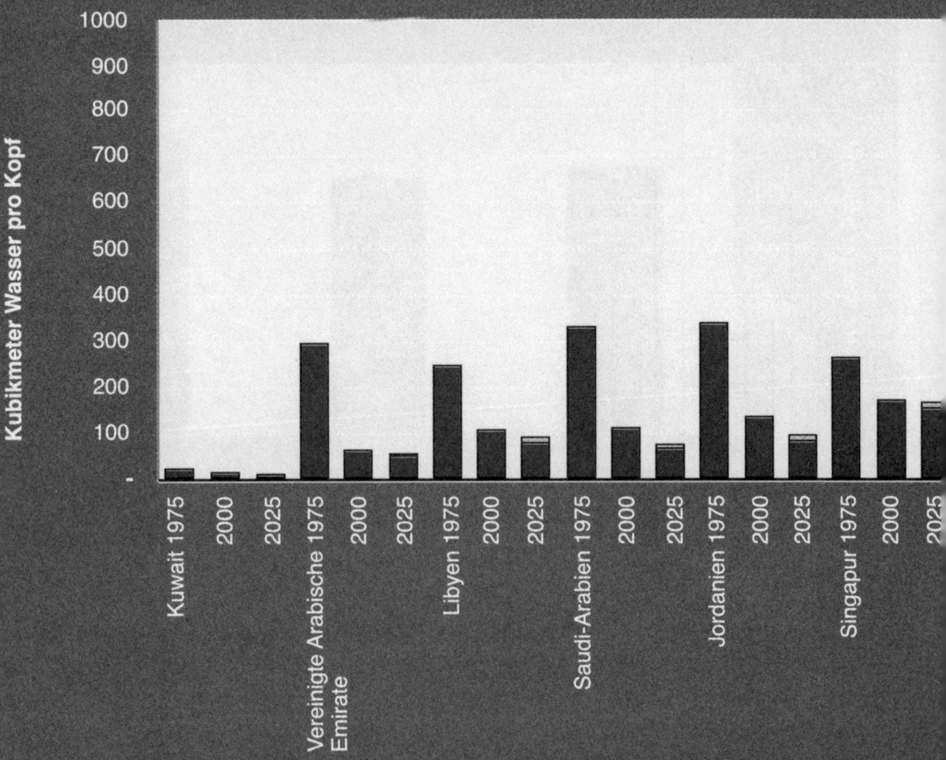

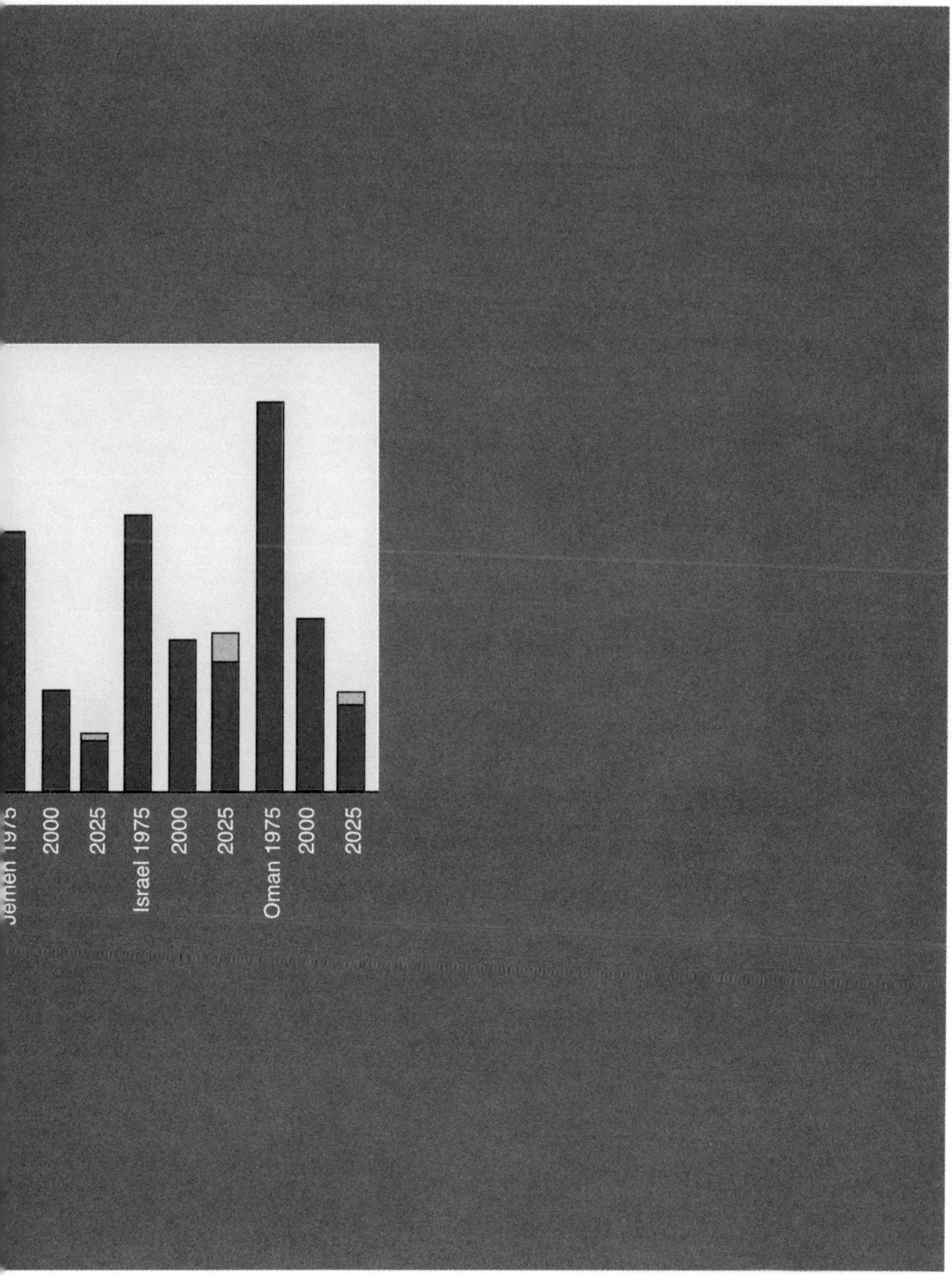
Jemen 1975
2000
2025
Israel 1975
2000
2025
Oman 1975
2000
2025

Bevölkerungsentwicklung und Verfügbarkeit von Wasser 1975, 2000 und 2025

Anordnung der Länder in der Reihenfolge der Werte von 2000

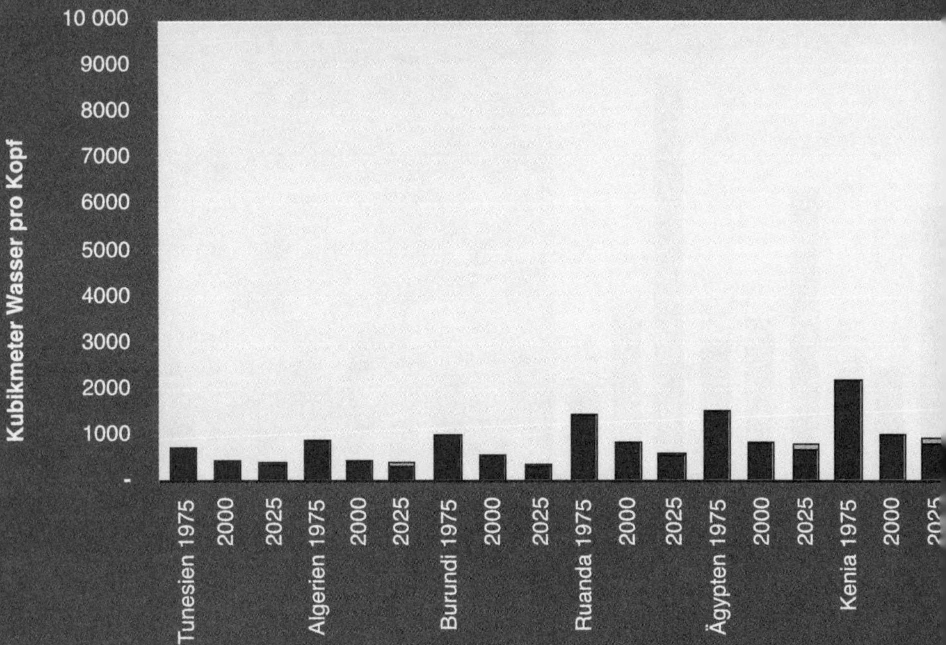

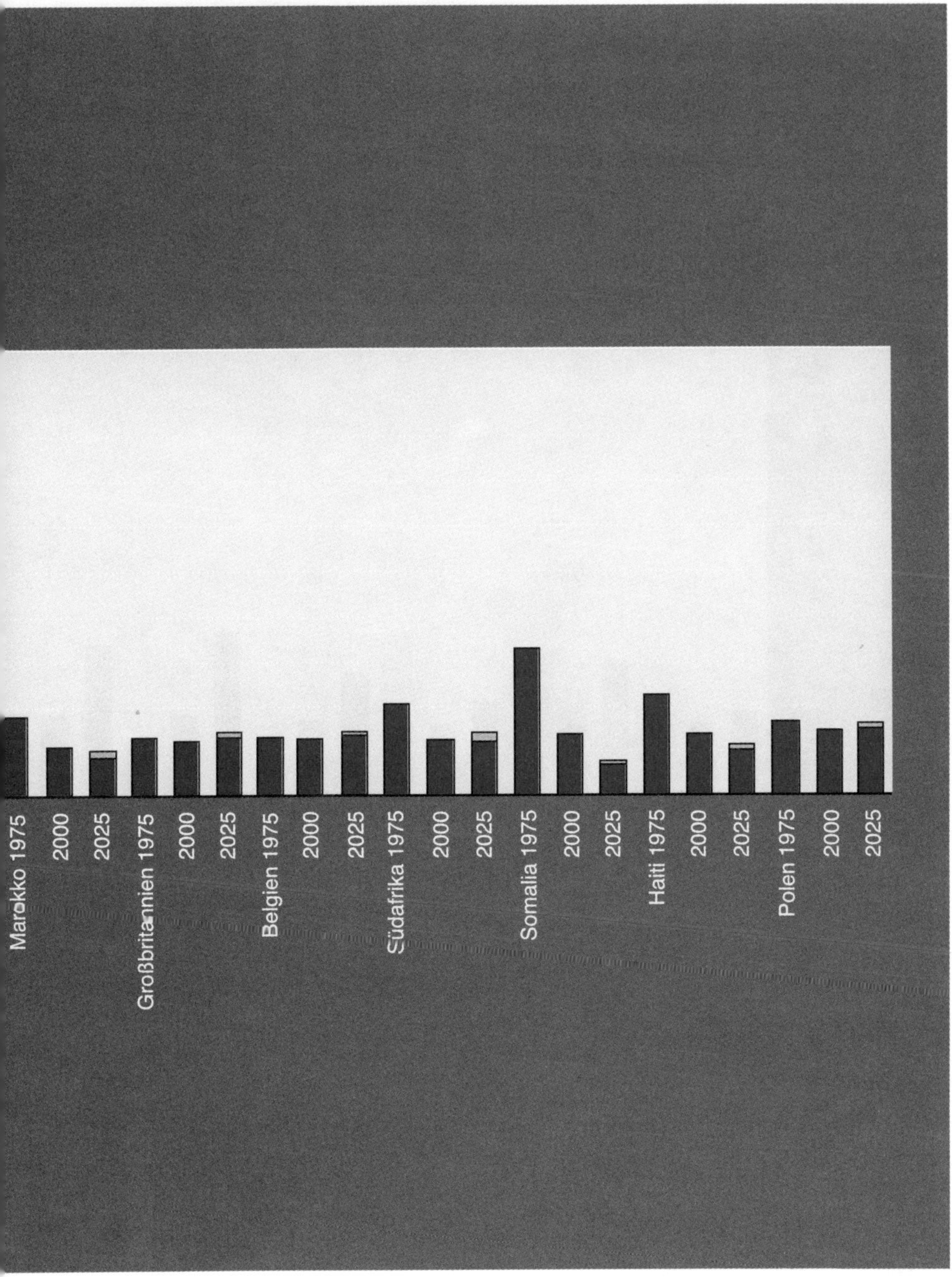
Marokko 1975
2000
2025
Großbritannien 1975
2000
2025
Belgien 1975
2000
2025
Südafrika 1975
2000
2025
Somalia 1975
2000
2025
Haiti 1975
2000
2025
Polen 1975
2000
2025

Bevölkerungsentwicklung und Verfügbarkeit von Wasser 1975, 2000 und 2025

Anordnung der Länder in der Reihenfolge der Werte von 2000

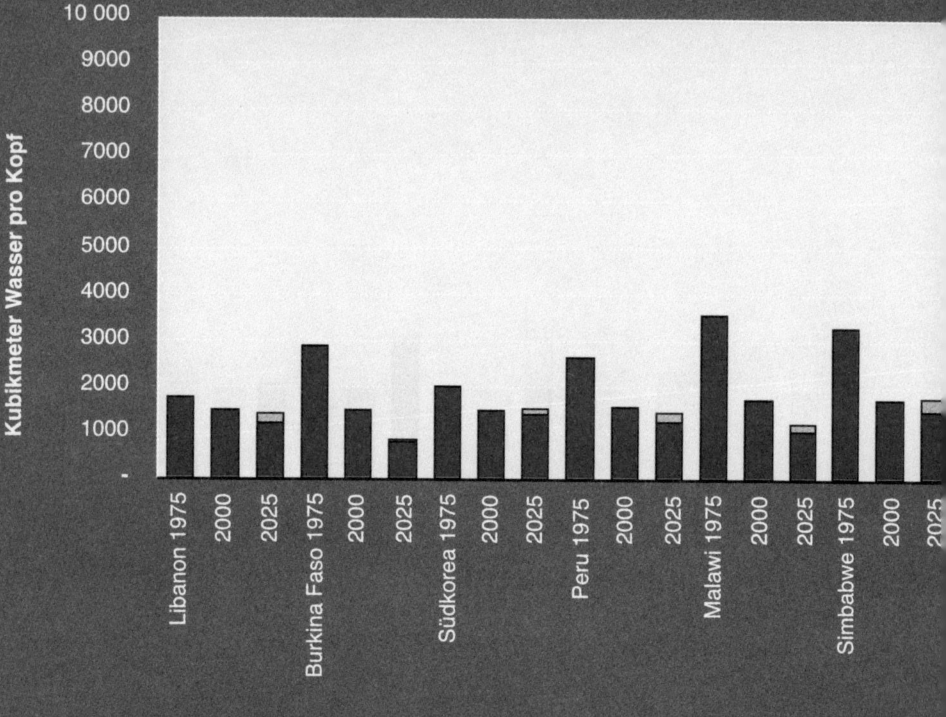

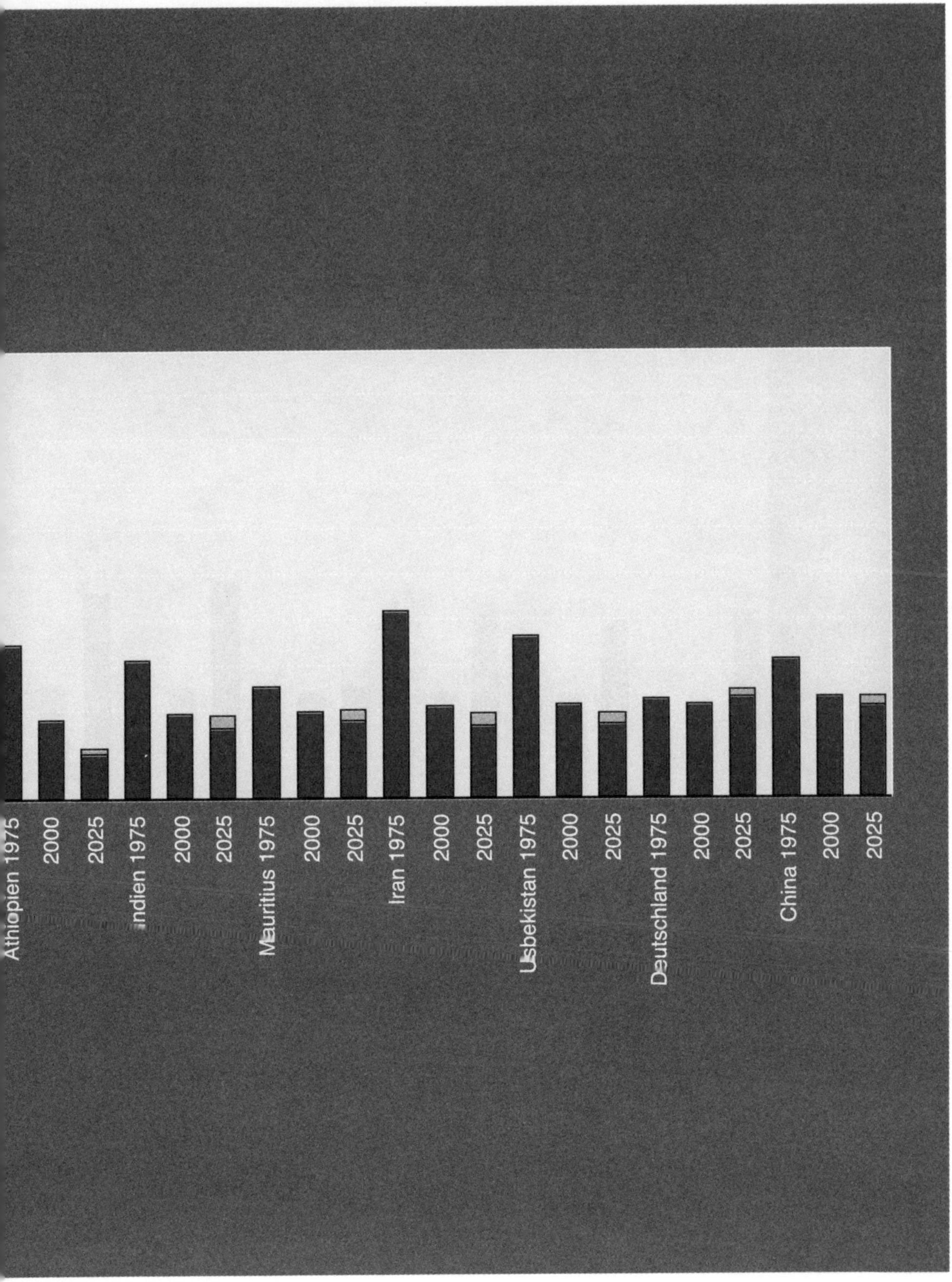
Athiopien 1975
2000
2025
Indien 1975
2000
2025
Mauritius 1975
2000
2025
Iran 1975
2000
2025
Usbekistan 1975
2000
2025
Deutschland 1975
2000
2025
China 1975
2000
2025

Bevölkerungsentwicklung und Verfügbarkeit von Wasser 1975, 2000 und 2025

Anordnung der Länder in der Reihenfolge der Werte von 2000

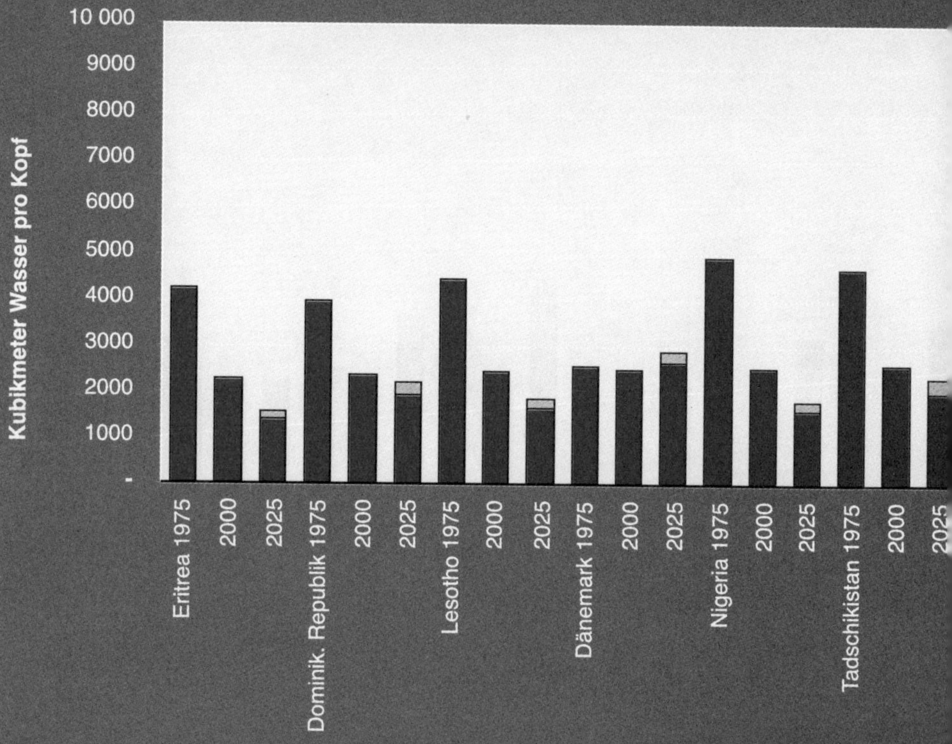

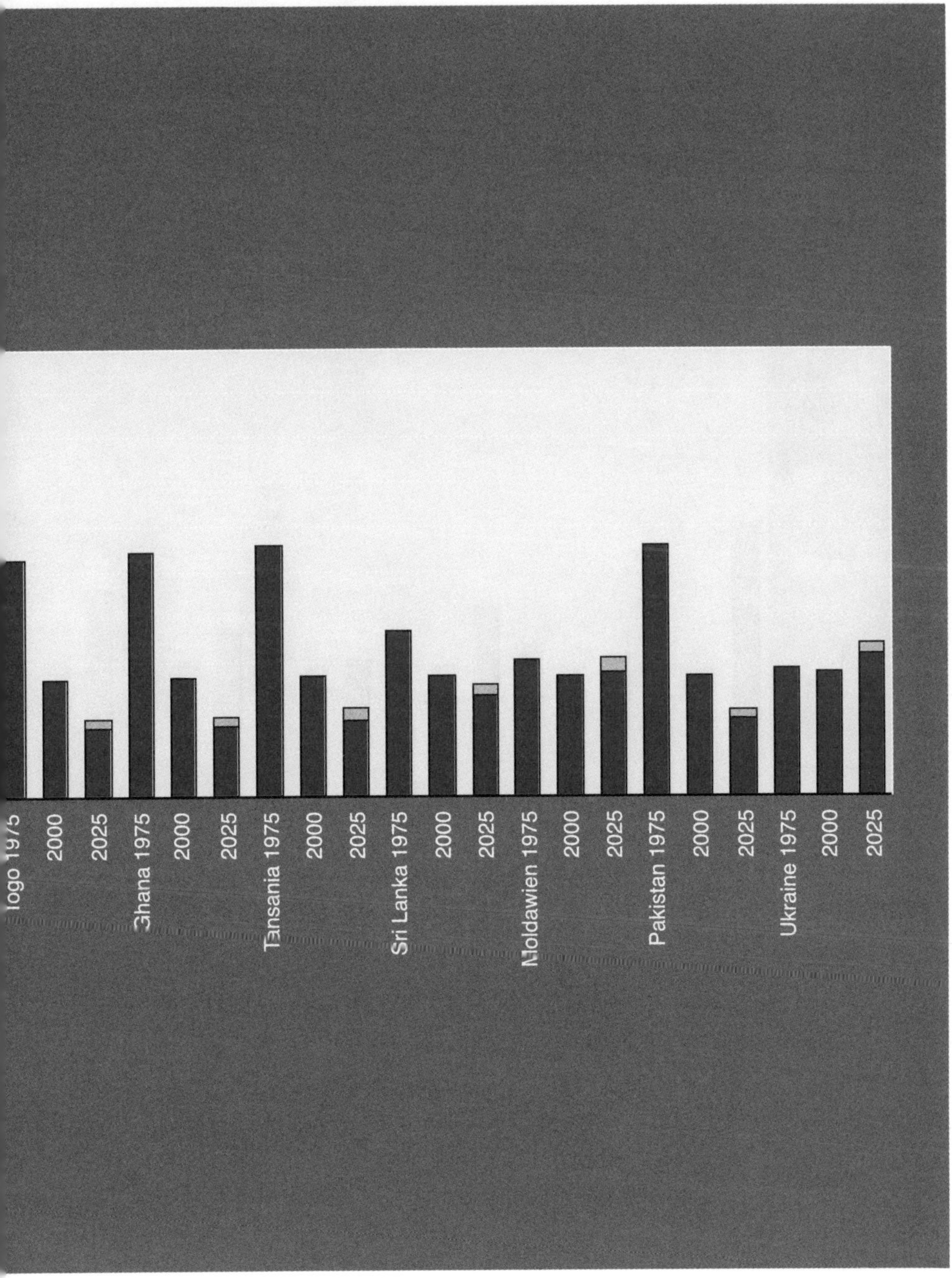
2000
2025
Ghana 1975
2000
2025
Tansania 1975
2000
2025
Sri Lanka 1975
2000
2025
Moldawien 1975
2000
2025
Pakistan 1975
2000
2025
Ukraine 1975
2000
2025

Bevölkerungsentwicklung und Verfügbarkeit von Wasser 1975, 2000 und 2025

Anordnung der Länder in der Reihenfolge der Werte von 2000

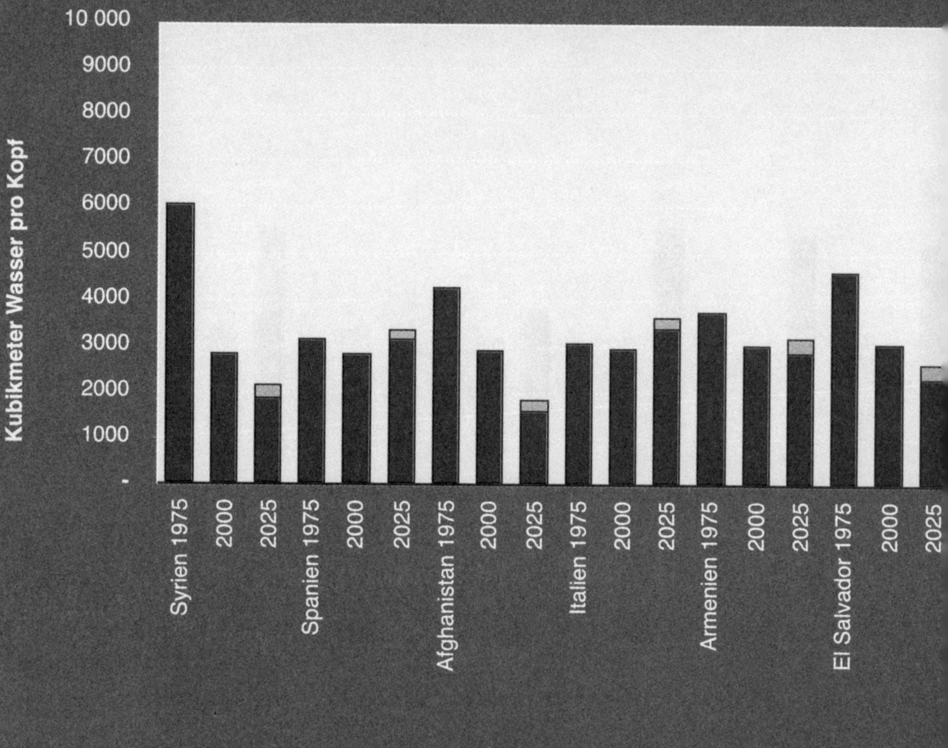

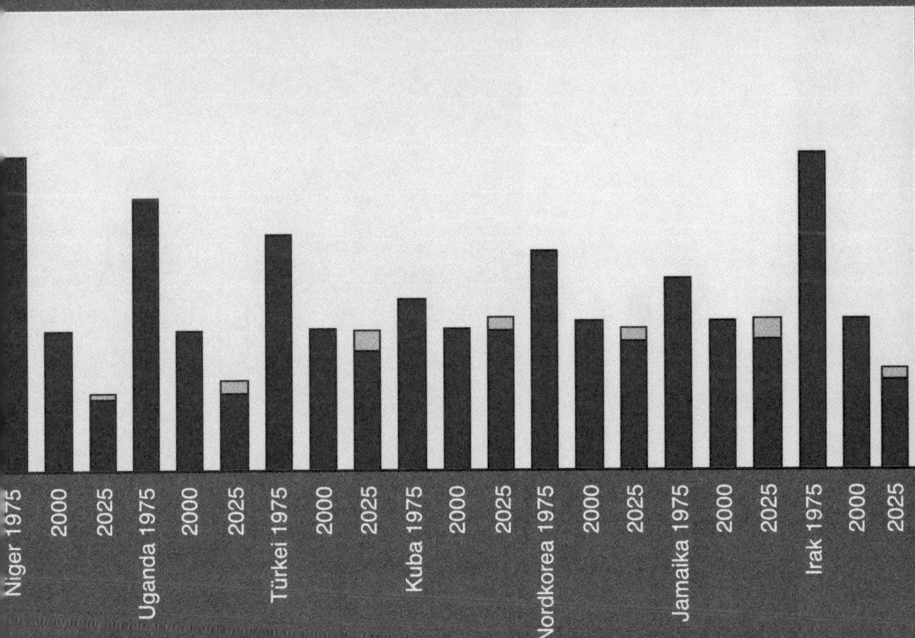
Niger 1975
2000
2025
Uganda 1975
2000
2025
Türkei 1975
2000
2025
Kuba 1975
2000
2025
Nordkorea 1975
2000
2025
Jamaika 1975
2000
2025
Irak 1975
2000
2025

Bevölkerungsentwicklung und Verfügbarkeit von Wasser 1975, 2000 und 2025

Anordnung der Länder in der Reihenfolge der Werte von 2000

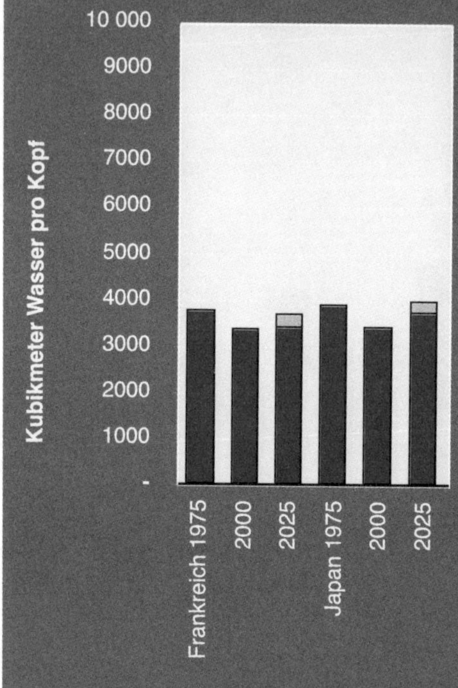

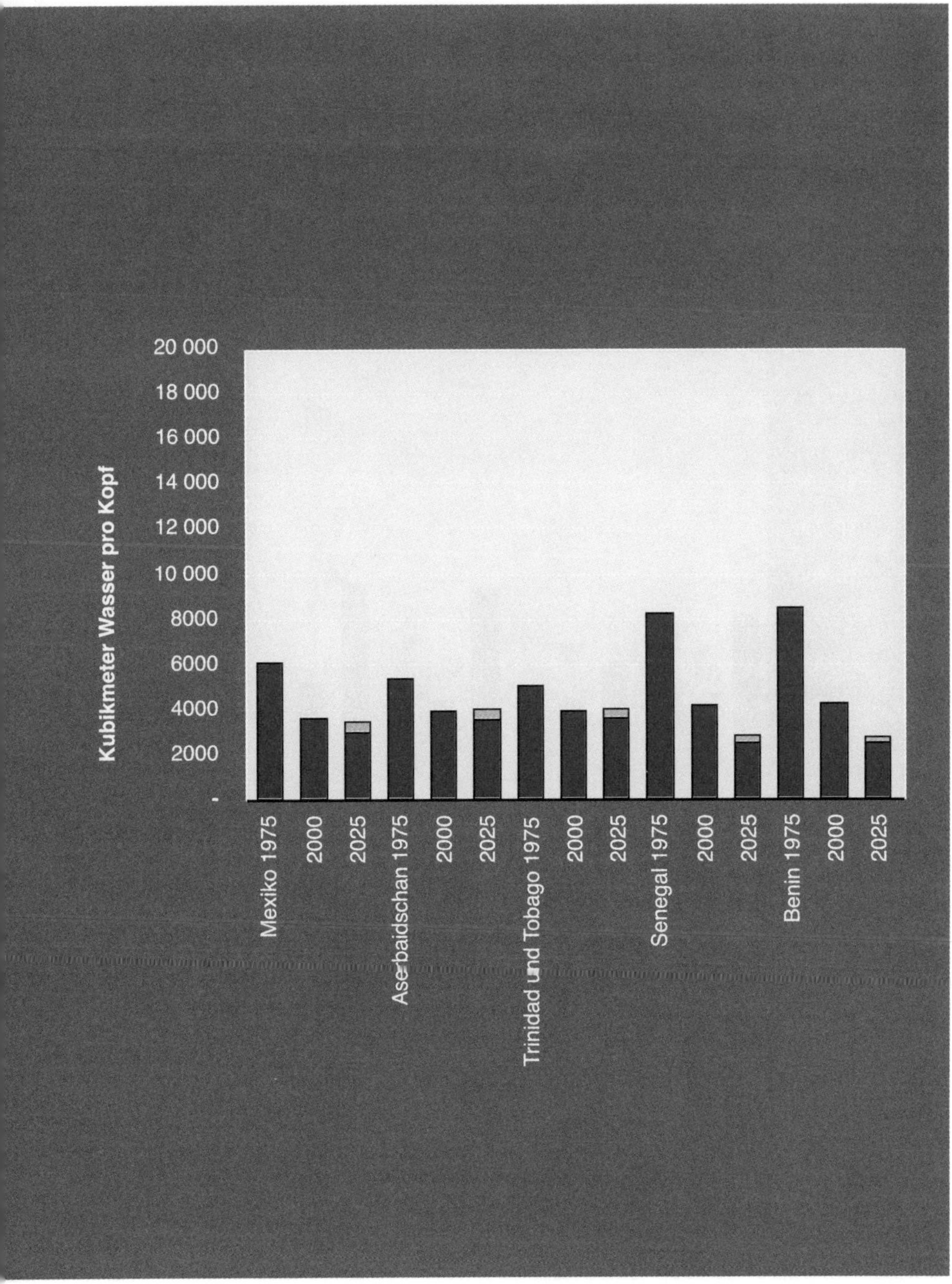
Kubikmeter Wasser pro Kopf
20 000
18 000
16 000
14 000
12 000
10 000
8000
6000
4000
2000
-
Mexiko 1975
2000
2025
Aserbaidschan 1975
2000
2025
Trinidad und Tobago 1975
2000
2025
Senegal 1975
2000
2025
Benin 1975
2000
2025

Bevölkerungsentwicklung und Verfügbarkeit von Wasser 1975, 2000 und 2025

Anordnung der Länder in der Reihenfolge der Werte von 2000

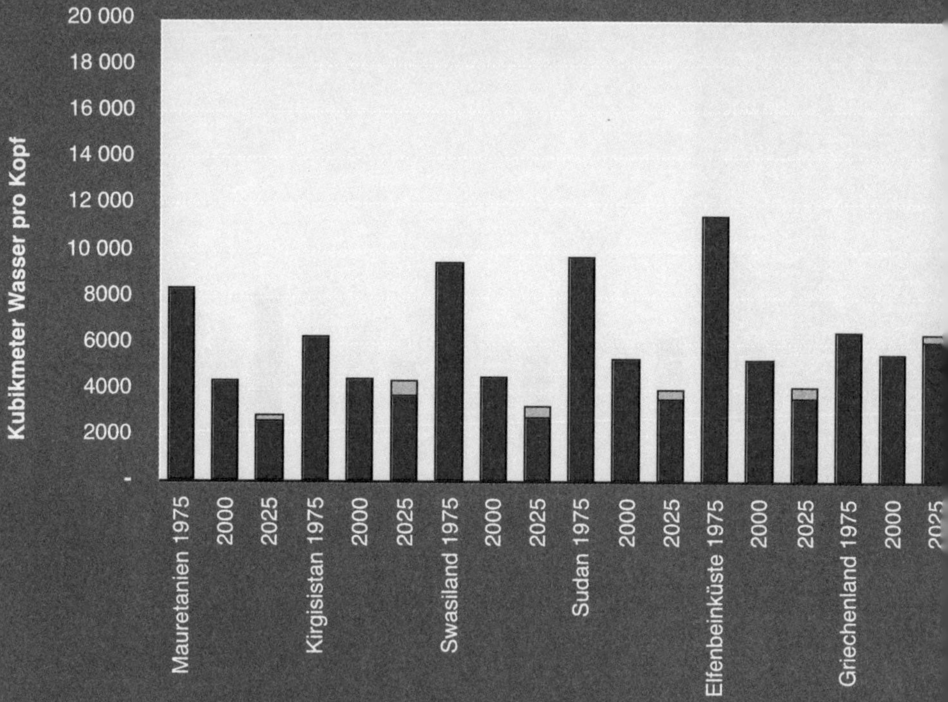

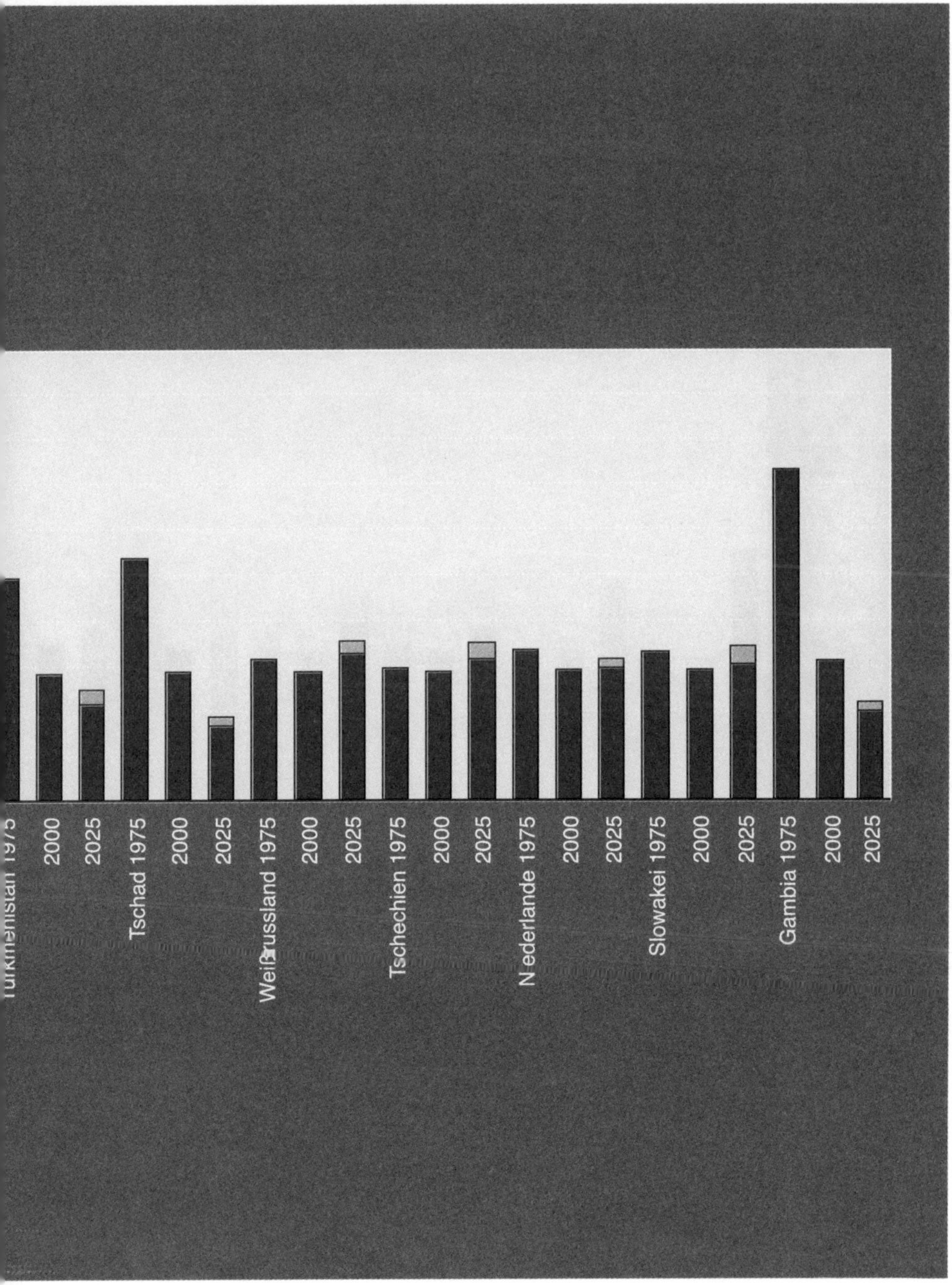
2000
2025
Tschad 1975
2000
2025
Weißrussland 1975
2000
2025
Tschechien 1975
2000
2025
Niederlande 1975
2000
2025
Slowakei 1975
2000
2025
Gambia 1975
2000
2025

Bevölkerungsentwicklung und Verfügbarkeit von Wasser 1975, 2000 und 2025

Anordnung der Länder in der Reihenfolge der Werte von 2000

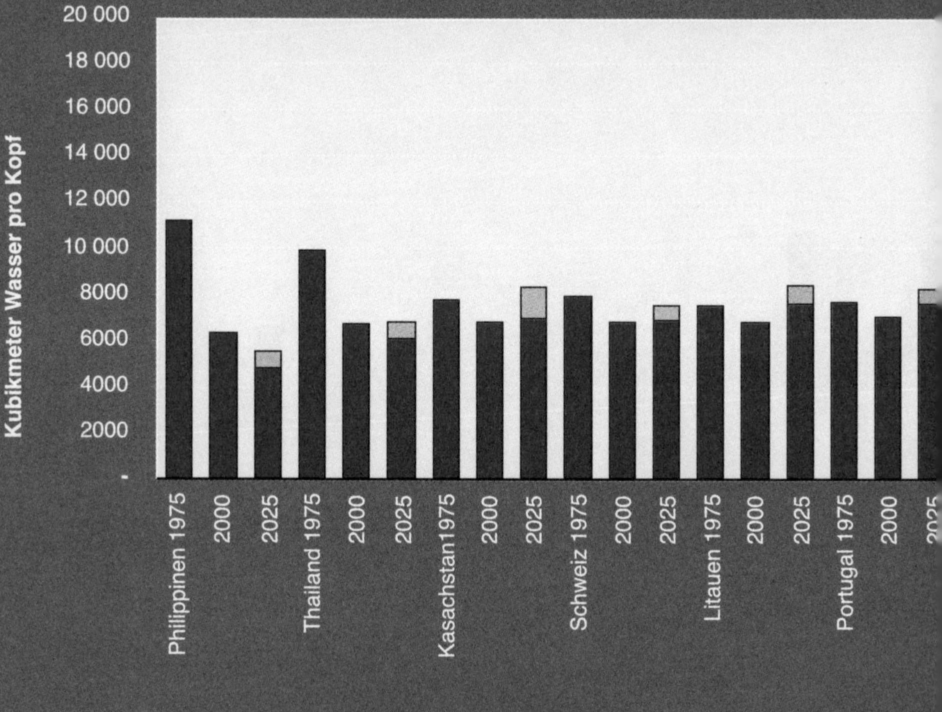

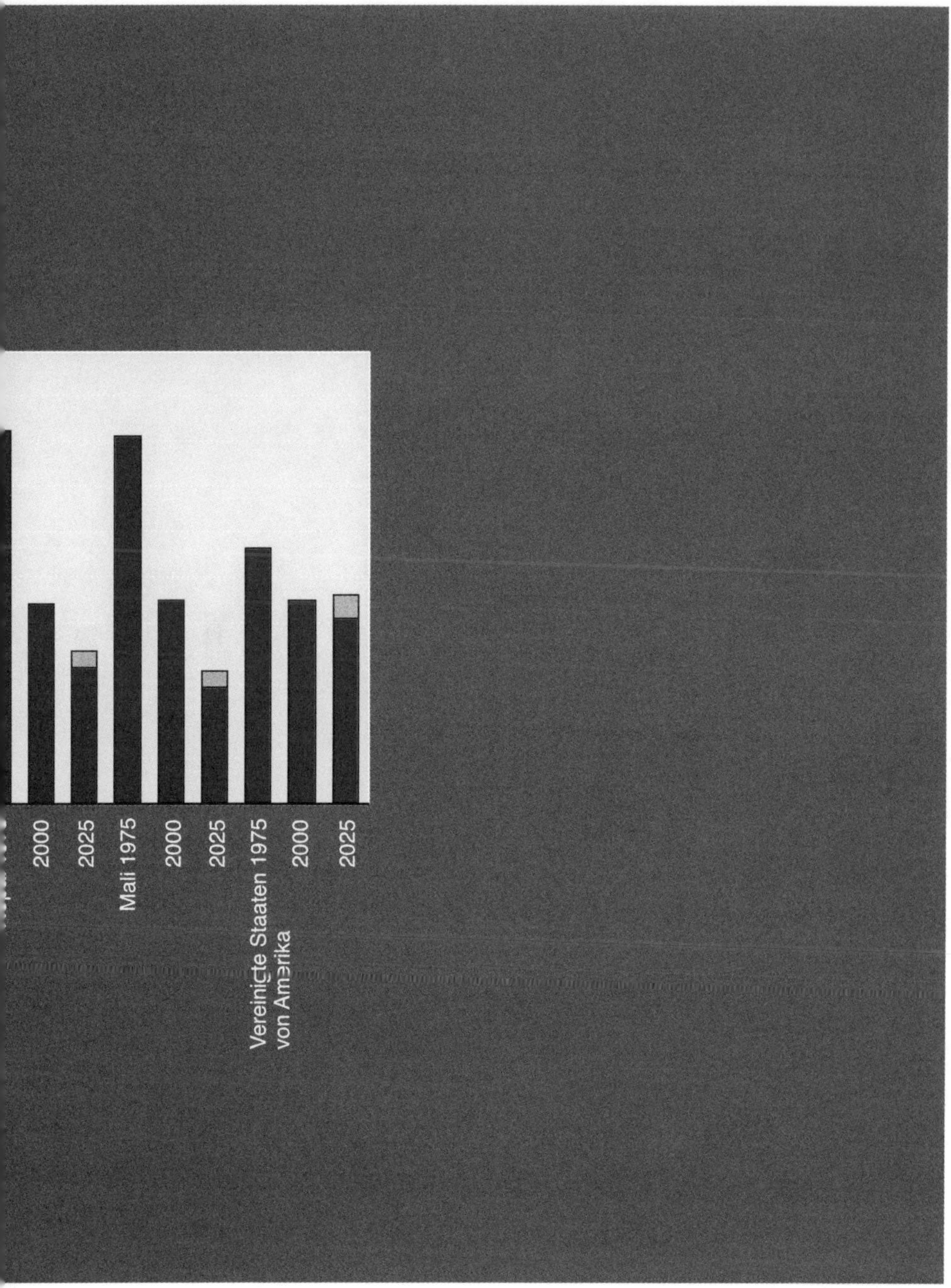
2000
2025
Mali 1975
2000
2025
Vereinigte Staaten 1975
von Amerika
2000
2025

Bevölkerungsentwicklung und Verfügbarkeit von Wasser 1975, 2000 und 2025

Anordnung der Länder in der Reihenfolge der Werte von 2000

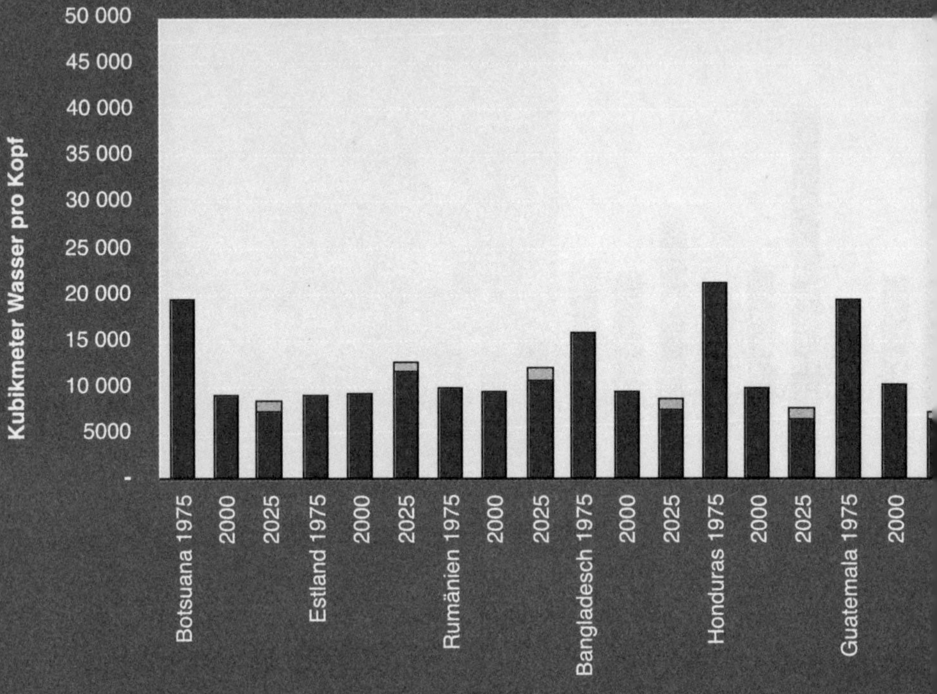

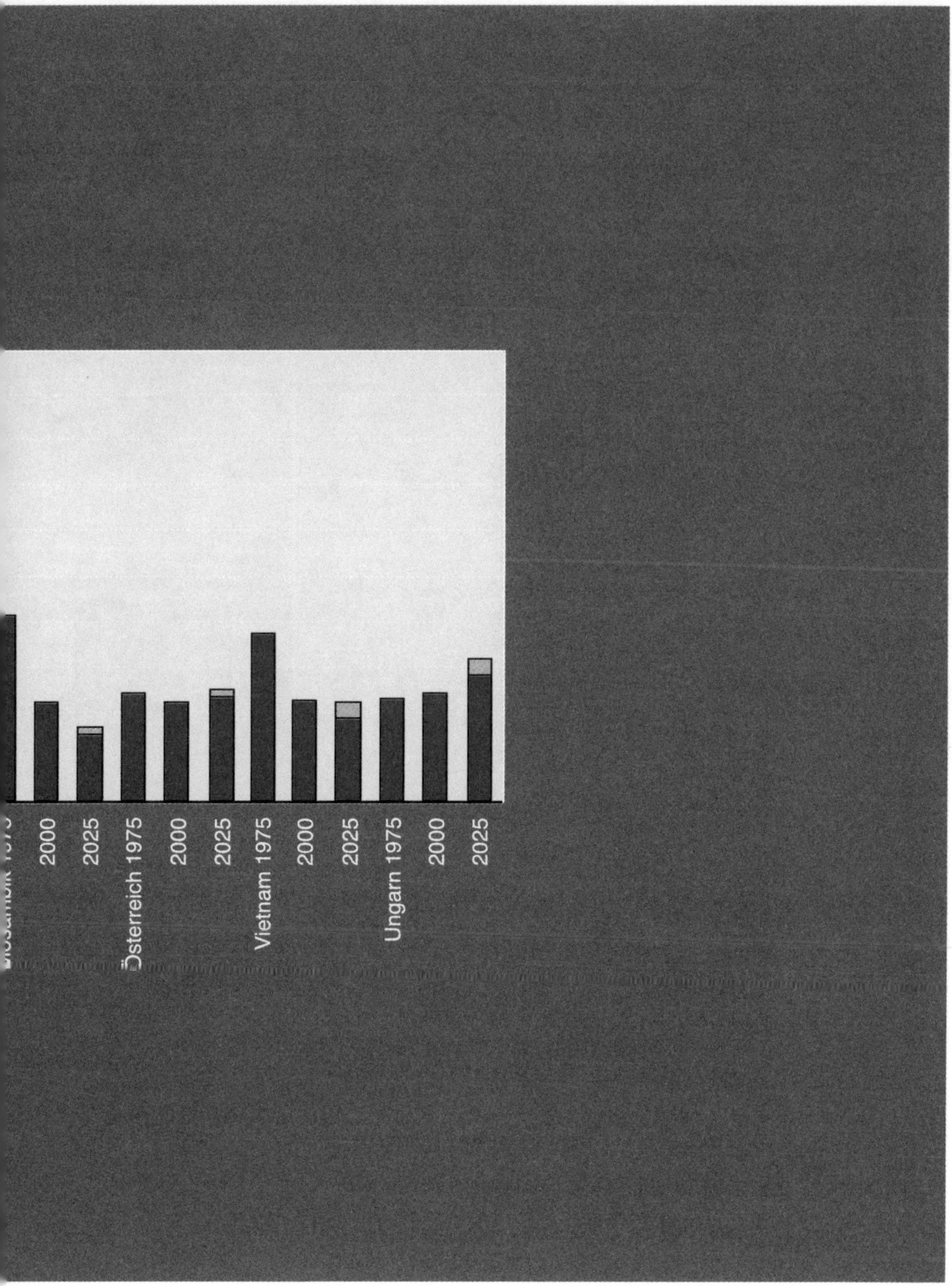
2000
2025
Österreich 1975
2000
2025
Vietnam 1975
2000
2025
Ungarn 1975
2000
2025

Bevölkerung und jährlich sich erneuerndes Süßwasser 1975, 2000 und 202

		1975		2000	
Länder	jährlich verfügbares sich erneuerndes Süßwasser (Kubikkilometer)	Bevölkerung (Tausend)	verfügbares Süßwasser pro Kopf (Kubikmeter)	Bevölkerung (Tausend)	verfügbares Süßwasser pro Kopf (Kubikmeter)
Afghanistan	65	15 378	4227	22 720	2861
Ägypten	58	38 841	1501	68 470	851
Albanien	56	2424	23 020	3113	17 922
Algerien	14	16 018	893	31 471	454
Angola	184	6123	30 051	12 878	14 288
Äquatorialguinea	30	225	133 297	453	66 275
Argentinien	994	26 049	38 158	37 032	26 842
Armenien	11	2826	3715	3520	2983
Aserbaidschan	30	5689	5326	7734	3918
Äthiopien	110	32 221	3414	62 565	1758
Australien	343	13 900	24 675	18 886	18 162
Bangladesch	1211	76 582	15 808	129 155	9373
Belgien	13	9796	1276	10 161	1230
Belize	16	134	119 644	241	66 470
Benin	26	3046	8470	6097	4232
Bhutan	95	1178	80 668	2124	44 728
Bolivien	300	4759	63 040	8329	36 020
Botsuana	15	759	19 368	1622	9062
Brasilien	6950	108 167	64 252	170 115	40 855
Brunei	9	161	52 861	328	25 908
Bulgarien	205	8722	23 504	8225	24 924
Burkina Faso	18	6108	2865	11 937	1466
Burundi	4	3680	978	6695	538
Chile	468	10 337	45 276	15 211	30 767
China	2830	927 808	3050	1 277 558	2215
Costa Rica	95	1968	48 268	4023	23 612
Dänemark	13	5060	2569	5293	2456
Deutschland	171	78 679	2173	82 220	2080
Dominik. Republik	20	5048	3962	8495	2354
Ecuador	314	6907	45 460	12 646	24 830
El Salvador	19	4120	4600	6276	3019

2025 niedrige UN-Projektion		**2025 mittlere UN-Projektion**		**2025 hohe UN-Projektion**	
Bevölkerung (Tausend)	verfügbares Süßwasser pro Kopf (Kubikmeter)	Bevölkerung (Tausend)	verfügbares Süßwasser pro Kopf (Kubikmeter)	Bevölkerung (Tausend)	verfügbares Süßwasser pro Kopf (Kubikmeter)
41 464	1568	44 934	1447	47 960	1355
87 043	670	95 615	610	104 242	559
3488	15 998	3820	14 608	4173	13 371
42 893	333	46 611	307	49 888	287
23 708	7761	25 107	7329	26 784	6870
749	40 072	795	37 749	845	35 520
43 284	43 284	47 160	21 077	51 023	19 482
3720	2822	3946	2661	4218	2489
8676	3492	9403	3223	10 200	2971
108 310	1016	115 382	953	120 254	915
21 209	16 172	23 098	14 850	25 081	13 676
163 172	7419	178 751	6773	194 737	6217
9573	1306	9918	1260	10 305	1213
335	47 692	370	43 239	402	39 813
10 450	2469	11 109	2322	11 652	2214
3633	26 147	3904	24 335	4190	22 671
11 998	25 003	13 131	22 846	14 002	21 426
2050	7170	2242	6557	2457	5984
198 352	35 039	217 930	31 891	238 550	29 134
422	20 142	459	18 520	496	17 143
6813	30 088	7023	29 190	7823	26 203
22 432	780	23 021	750	24 365	718
10 952	329	11 569	311	12 387	291
18 025	25 964	19 548	23 941	20 864	22 431
1 394 280	2029	1 480 412	1911	1 545 015	1831
5526	17 192	5929	16 024	6319	15 033
4950	2626	5238	2482	5461	2380
77 193	2215	80 238	2131	83 955	2037
10 383	1926	11 164	1791	12 127	1649
16 490	19 042	17 796	17 644	19 341	16 235
8393	2258	9062	2091	9826	1929

Bevölkerung und jährlich sich erneuerndes Süßwasser 1975, 2000 und 202

		1975		2000	
Länder	jährlich verfügbares sich erneuerndes Süßwasser (Kubikkilometer)	Bevölkerung (Tausend)	verfügbares Süßwasser pro Kopf (Kubikmeter)	Bevölkerung (Tausend)	verfügbares Süßwasser pro Kopf (Kubikmeter)
Elfenbeinküste	78	6755	11 503	14 786	5255
Eritrea	9	2089	4213	3850	2285
Estland	13	1432	8939	1396	9168
Fidschi	29	576	49 566	817	34 949
Finnland	113	4711	23 984	5176	21 833
Frankreich	198	52 699	3757	59 080	3351
Gabun	164	593	276 354	1226	133 754
Gambia	8	548	14 609	1305	6129
Georgien	63	4908	12 897	4968	12 743
Ghana	53	9829	5412	20 212	2632
Griechenland	59	9047	6483	10 645	5510
Großbritannien	71	56 226	1263	58 830	1207
Guatemala	116	6018	19 276	11 385	10 189
Guinea	226	4149	54 476	7430	30 416
Guinea-Bissau	27	627	43 041	1213	22 257
Guyana	241	734	328 391	861	279 799
Haiti	11	4920	2236	8222	1338
Honduras	63	3017	21 022	6485	9778
Indien	1908	620 701	3074	1 013 662	1882
Indonesien	2838	135 666	20 919	212 107	13 380
Irak	75	11 020	6844	23 115	3263
Iran	138	33 344	4124	67 702	2031
Irland	50	3177	15 737	3730	13 404
Island	168	218	770 533	281	597 931
Israel	2	3455	622	6217	346
Italien	167	55 441	3012	57 298	2915
Jamaica	8	2013	4124	2583	3214
Japan	430	111 524	3856	126 714	3393
Jemen	4	6991	586	18 112	226
Jordanien	1	2600	338	6669	132
Kambodscha	476	7098	67 077	11 168	42 632

2025 niedrige UN-Projektion		2025 mittlere UN-Projektion		2025 hohe UN-Projektion	
Bevölkerung (Tausend)	verfügbares Süßwasser pro Kopf (Kubikmeter)	Bevölkerung (Tausend)	verfügbares Süßwasser pro Kopf (Kubikmeter)	Bevölkerung (Tausend)	verfügbares Süßwasser pro Kopf (Kubikmeter)
21 638	3591	23 345	3328	25 065	3100
6299	1397	6681	1317	7003	1257
1112	11 512	1131	11 315	1230	10 405
1012	28 219	1104	25 857	1195	23 882
5057	22 346	5254	21 508	5473	20 647
58 647	3376	61 662	3211	63 909	3098
1858	88 285	1981	82 777	2108	77 817
2044	3915	2151	3719	2260	3541
4887	12 952	5178	12 225	5464	11 585
34 245	1553	36 876	1443	39 682	1341
9713	6038	9863	5947	10 354	5664
56 775	1251	59 961	1184	63 243	1123
18 392	6307	19 816	5854	21 278	5452
12 020	18 803	12 497	18 084	12 982	17 409
1822	14 817	1946	13 874	2079	12 987
932	258 642	1045	230 695	1165	206 852
11 177	984	11 988	918	12 805	859
9843	6443	10 656	5951	11 809	5370
1 215 672	1569	1 330 449	1434	1 446 848	1319
246 964	11 492	273 442	10 379	299 848	9465
38 588	1954	41 014	1839	43 483	1734
85 613	1606	94 463	1456	103 564	1328
4175	11 976	4404	11 354	4630	10 799
311	540 290	328	511 640	346	485 399
7345	293	8277	260	9312	231
49 841	3351	51 270	3257	53 306	3133
2948	2815	3245	2558	3530	2351
116 290	3698	121 150	3549	124 832	3445
36 000	114	38 985	105	41 764	98
11 068	80	12 063	73	12 982	68
15 126	31 476	16 526	28 808	17 671	26 942

Bevölkerung und jährlich sich erneuerndes Süßwasser 1975, 2000 und 202

		1975		2000	
Länder	jährlich verfügbares sich erneuerndes Süßwasser (Kubikkilometer)	Bevölkerung (Tausend)	verfügbares Süßwasser pro Kopf (Kubikmeter)	Bevölkerung (Tausend)	verfügbares Süßwasser pro Kopf (Kubikmeter)
Kamerun	268	7527	35 605	15 085	17 766
Kanada	2901	23 209	124 995	31 147	93 140
Kasachstan	110	14 136	7753	16 223	6756
Kenia	30	13 741	2198	30 080	1004
Kirgisistan	21	3299	6244	4699	4384
Kolumbien	1070	25 381	42 158	42 321	25 283
Kongo	832	1447	574 966	2943	282 660
Kongo, Demokrat. Republik	1019	23 251	43 826	51 654	19 727
Kroatien	61	4263	14 402	4473	13 728
Kuba	35	9306	3707	11 201	3080
Kuwait	0	1007	20	1972	10
Laos	332	3024	109 645	5433	61 034
Lesotho	5	1187	4405	2153	2430
Lettland	35	2474	14 312	2357	15 022
Libanon	5	2767	1735	3282	1463
Liberia	232	1609	144 179	3154	73 557
Libyen	1	2446	245	5605	107
Litauen	25	3308	7527	3670	6784
Madagaskar	337	7819	43 098	15 942	21 139
Malawi	19	5244	3562	10 925	1710
Malaysia	580	12 258	47 317	22 244	26 074
Mali	100	6169	16 211	11 234	8902
Marokko	30	17 305	1734	28 351	1058
Mauretanien	11	1371	8314	2670	4270
Mauritius	2	892	2477	1158	1908
Mexiko	357	59 099	6047	98 881	3614
Moldawien	12	3839	3048	4380	2671
Mongolei	35	1447	24 043	2662	13 073
Mosambik	216	10 498	20 575	19 680	10 975
Myanmar	1046	30 441	34 348	45 611	22 924
Namibia	46	900	50 538	1726	26 364

2025 niedrige UN-Projektion		2025 mittlere UN-Projektion		2025 hohe UN-Projektion	
Bevölkerung (Tausend)	verfügbares Süßwasser pro Kopf (Kubikmeter)	Bevölkerung (Tausend)	verfügbares Süßwasser pro Kopf (Kubikmeter)	Bevölkerung (Tausend)	verfügbares Süßwasser pro Kopf (Kubikmeter)
24 100	11 120	26 484	10 119	27 835	9628
35 311	82 156	37 896	76 551	41 204	70 405
15 786	6943	17 698	6193	19 714	5560
38 041	794	41 756	723	45 468	664
5583	3690	6096	3379	6622	3111
55 947	19 125	59 758	17 906	64 446	16 603
5390	154 355	5689	146 244	6065	137 185
98 990	10 294	104 788	9724	112 840	9030
3981	15 422	4193	14 642	4378	14 024
11 402	3026	11 798	2924	12 559	2747
2721	7	2974	7	3221	6
9235	35 908	9653	34 354	10 515	31 536
3238	1615	3506	1492	3690	1417
1870	18 928	1936	18 285	2087	16 965
3986	1204	4400	1091	4814	997
6218	37 312	6618	35 058	7337	31 620
7887	76	8647	69	9298	65
3289	7572	3399	7326	3680	6767
27 403	12 298	28 964	11 635	30 884	10 912
18 204	1026	19 958	936	21 446	871
28 404	20 419	30 968	10 729	33 531	17 297
19 740	5066	21 295	4696	23 349	4283
35 195	852	38 670	776	42 059	713
4520	2522	4766	2392	5070	2248
1281	1725	1379	1602	1471	1502
120 389	2969	130 196	2745	141 966	2518
4231	2765	4547	2573	4786	2445
3340	10 420	3709	9383	4076	8538
29 103	7422	30 612	7056	32 684	6609
52 906	19 763	58 120	17 990	63 210	16 542
2107	21 595	2338	19 464	2497	18 220

Bevölkerung und jährlich sich erneuerndes Süßwasser 1975, 2000 und 202

		1975		2000	
Länder	jährlich verfügbares sich erneuerndes Süßwasser (Kubikkilometer)	Bevölkerung (Tausend)	verfügbares Süßwasser pro Kopf (Kubikmeter)	Bevölkerung (Tausend)	verfügbares Süßwasser pro Kopf (Kubikmeter)
Nepal	210	12 797	16 426	23 930	8784
Neuseeland	327	3083	106 062	3862	84 673
Nicaragua	175	2498	70 053	5074	34 488
Niederlande	90	13 653	6592	15 786	5701
Niger	33	4771	6813	10 730	3029
Nigeria	280	57 004	4912	111 506	2511
Nordkorea	77	16 304	4729	24 039	3207
Norwegen	392	4007	97 821	4465	87 800
Oman	1	880	880	2542	388
Österreich	90	7579	11915	8211	10 998
Pakistan	418	74 734	5597	156 483	2673
Panama	144	1723	83 567	2856	50 426
Papua-Neuguinea	801	2729	293 559	4807	166 644
Paraguay	314	2659	118 096	5496	57 128
Peru	40	15 161	2638	25 662	1559
Philippinen	479	43 010	11 137	75 967	6305
Polen	56	34 022	1652	38 765	1450
Portugal	70	9093	7654	9875	7048
Ruanda	6	4384	1437	7733	815
Rumänien	208	21 245	9790	22 327	9316
Russland	4498	134 233	33 511	146 934	30 614
Salomonen	45	190	234 897	444	100 757
Sambia	116	4841	23 961	9169	12 652
Saudi-Arabien	2	7251	331	21 607	111
Schweden	180	8193	21 971	8910	20 202
Schweiz	50	6339	7888	7386	6770
Senegal	39	4806	8198	9481	4156
Sierra Leone	160	2931	54 597	4854	32 960
Simbabwe	20	6143	3256	11 669	1714
Singapur	1	2263	265	3567	168
Slowakei	31	4736	6503	5387	5716
Somalia	14	4134	3266	10 097	1337

2025 niedrige UN-Projektion		2025 mittlere UN-Projektion		2025 hohe UN-Projektion	
Bevölkerung (Tausend)	verfügbares Süßwasser pro Kopf (Kubikmeter)	Bevölkerung (Tausend)	verfügbares Süßwasser pro Kopf (Kubikmeter)	Bevölkerung (Tausend)	verfügbares Süßwasser pro Kopf (Kubikmeter)
35 393	5939	38 010	5530	40 674	5168
4418	74 020	4695	69 649	5004	65 345
8035	21 780	8696	20 124	9368	18 680
15 441	5829	15 782	5703	16 544	5440
20 797	1563	21 495	1512	22 184	1465
174 368	1606	183 041	1530	196 872	1422
27 813	2772	29 388	2624	31 297	2463
4569	85 794	4817	81 383	5029	77 945
5019	196	5352	184	5738	172
7854	11 497	8186	11 031	8521	10 597
245 920	1701	263 000	1590	280 225	1493
3483	41 340	3779	38 104	4126	34 904
6765	118 400	7460	107 374	7962	100 597
8711	36 045	9355	33 564	9806	32 022
32 505	1231	35 518	1126	38 550	1038
100 153	4783	108 251	4425	117 066	4092
38 143	1473	39 069	1438	41 321	1360
9165	7594	9348	7445	10 025	6943
11 580	544	12 427	507	13 058	482
19 607	10 608	19 945	10 428	22 510	9240
131 063	34 321	137 933	32 612	150 380	29 912
756	59 092	017	54 742	883	50 617
14 119	8216	15 616	7428	16 964	6838
37 562	64	39 965	60	42 407	57
8866	20 302	9097	19 787	9816	18 338
7271	6877	7587	6590	7938	6299
15 803	2493	16 743	2353	17 639	2234
7714	20 742	8085	19 789	8655	18 486
13 440	1488	15 092	1325	16 441	1216
3939	152	4168	144	4304	139
5119	6016	5393	5710	5831	5281
19 853	680	21 211	636	22 663	596

Bevölkerung und jährlich sich erneuerndes Süßwasser 1975, 2000 und 202

		1975		2000	
Länder	jährlich verfügbares sich erneuerndes Süßwasser (Kubikkilometer)	Bevölkerung (Tausend)	verfügbares Süßwasser pro Kopf (Kubikmeter)	Bevölkerung (Tausend)	verfügbares Süßwasser pro Kopf (Kubikmeter)
Spanien	111	35 596	3127	39 630	2808
Sri Lanka	50	13 603	3676	18 827	2656
Südafrika	50	24 728	2022	40 377	1238
Sudan	154	16 012	9618	29 490	5222
Südkorea	70	35 281	1976	46 844	1488
Suriname	200	364	548 698	417	479 467
Swasiland	5	482	9364	1008	4475
Syrien	45	7438	6014	16 125	2774
Tadschikistan	16	3442	4648	6188	2586
Tansania	89	15 900	5597	33 517	2655
Thailand	410	41 359	9911	61 399	6676
Togo	12	2285	5251	4629	2592
Trinidad und Tobago	5	1012	5040	1295	3938
Tschad	43	4030	10 670	7651	5620
Tschechien	58	9997	5822	10 244	5682
Tunesien	4	5668	727	9586	430
Türkei	204	40 025	5087	66 591	3057
Turkmenistan	25	2520	9802	4459	5539
Uganda	66	11 183	5902	21 778	3031
Ukraine	140	49 016	2848	50 456	2767
Ungarn	120	10 532	11 394	10 036	11 957
Uruguay	124	2829	43 839	3337	37 158
Usbekistan	50	13 981	3605	24 318	2073
Venezuela	1317	12 734	103 421	24 170	54 490
Vereinigte Arabische Emirate	0	505	297	2441	61
Vereinigte Staaten von Amerika	2478	220 165	11 255	278 357	8902
Vietnam	891	48 030	18 555	79 832	11 163
Weißrussland	58	9367	6192	10 236	5666
Zentralafrikanische Republik	141	2057	68 546	3615	39 001

2025 niedrige UN-Projektion		2025 mittlere UN-Projektion		2025 hohe UN-Projektion	
Bevölkerung (Tausend)	verfügbares Süßwasser pro Kopf (Kubikmeter)	Bevölkerung (Tausend)	verfügbares Süßwasser pro Kopf (Kubikmeter)	Bevölkerung (Tausend)	verfügbares Süßwasser pro Kopf (Kubikmeter)
35 976	3094	36 658	3036	38 837	2866
22 341	2238	23 547	2123	24 933	2005
41 809	1196	46 015	1087	50 289	994
43 675	3526	46 264	3329	48 735	3160
49 704	1402	52 533	1327	54 620	1276
482	414 836	525	381 212	564	354 855
1643	2745	1785	2527	1926	2342
24 335	1838	26 292	1701	28 265	1583
8089	1978	8857	1807	9645	1659
52 598	1692	57 918	1537	62 010	1435
67 999	6028	72 717	5637	77 953	5258
7949	1510	8482	1415	9145	1312
1415	3604	1493	3415	1587	3213
13 123	3277	13 908	3092	15 052	2857
9332	6237	9512	6119	10 525	5530
11 775	350	12 843	321	13 927	296
79 161	2572	87 869	2317	95 570	2130
5815	4247	6287	3929	6765	3651
39 431	1674	44 435	1485	47 703	1384
44 461	3140	45 688	3056	48 392	2885
8581	13 984	8900	13 483	9800	12 245
3614	34 313	3907	31 741	4187	29 618
30 779	1638	33 355	1511	35 978	1401
31 724	41 514	34 775	37 872	37 514	35 107
3074	49	3284	46	3492	43
304 412	8140	325 573	7611	350 084	7078
96 721	9214	108 037	8249	118 521	7519
9027	6425	9496	6108	9886	5867
5316	26 525	5704	24 720	6036	23 358

Rangliste von 100 Ländern: Versorgung mit Süßwasser

Unterscheidung von Wassermangel, Wasserknappheit und ausreichender Wasserversorgung

Länder		Verfügbarkeit von Süßwasser pro Kopf im Jahr 2000 (Kubikmeter)
Wassermangel		
1	Kuwait	10
2	Vereinigte Arabische Emirate	61
3	Libyen	107
4	Saudi Arabien	111
5	Jordanien	132
6	Singapur	168
7	Jemen	226
8	Israel	346
9	Oman	388
10	Tunesien	430
11	Algerien	454
12	Burundi	538
13	Ruanda	815
14	Ägypten	851
Wasserknappheit		
15	Kenia	1004
16	Marokko	1058
17	Großbritannien	1207
18	Belgien	1230
19	Südafrika	1238
20	Somalia	1337
21	Haiti	1338

Länder	Verfügbarkeit von Süßwasser pro Kopf im Jahr 2000 (Kubikmeter)
22 Polen	1450
23 Libanon	1463
24 Burkina Faso	1466
25 Südkorea	1488
26 Peru	1559
ausreichende Wasserversorgung	
27 Malawi	1710
28 Simbabwe	1714
29 Äthiopien	1758
30 Indien	1882
31 Mauritius	1908
32 Iran	2031
33 Usbekistan	2073
34 Deutschland	2080
35 China	2215
36 Eritrea	2285
37 Dominik. Republik	2354
38 Lesotho	2430
39 Dänemark	2456
40 Nigeria	2511
41 Tadschikistan	2586
42 Togo	2592
43 Ghana	2632
44 Tansania	2655
45 Sri Lanka	2656
46 Moldawien	2671

Rangliste von 100 Ländern: Versorgung mit Süßwasser

Unterscheidung von Wassermangel, Wasserknappheit und ausreichender Wasserversorgung

Länder	Verfügbarkeit von Süßwasser pro Kopf im Jahr 2000 (Kubikmeter)
47 Pakistan	2673
48 Ukraine	2767
49 Syrien	2774
50 Spanien	2808
51 Afghanistan	2861
52 Italien	2915
53 Armenien	2983
54 El Salvador	3019
55 Niger	3029
56 Uganda	3031
57 Türkei	3057
58 Kuba	3080
59 Nordkorea	3207
60 Jamaika	3214
61 Irak	3263
62 Frankreich	3351
63 Japan	3393
64 Mexiko	3614
65 Aserbaidschan	3918
66 Trinidad und Tobago	3938
67 Senegal	4156
68 Benin	4232
69 Mauretanien	4270
70 Kirgisistan	4384
71 Swasiland	4475

Länder	Verfügbarkeit von Süßwasser pro Kopf im Jahr 2000 (Kubikmeter)
72 Sudan	5222
73 Elfenbeinküste	5255
74 Griechenland	5510
75 Turkmenistan	5539
76 Tschad	5620
77 Weißrussland	5666
78 Tschechien	5682
79 Niederlande	5701
80 Slowakei	5716
81 Gambia	6129
82 Philippinen	6305
83 Thailand	6676
84 Kasachstan	6756
85 Schweiz	6770
86 Litauen	6784
87 Portugal	7048
88 Nepal	8784
89 Mali	8902
90 Vereinigte Staaten von Amerika	8902
91 Botsuana	9062
92 Estland	9168
93 Rumänien	9316
94 Bangladesch	9373
95 Honduras	9778
96 Guatemala	10 189
97 Mosambik	10 975
98 Österreich	10 998
99 Vietnam	11 163
100 Ungarn	11 957

Literaturangaben

1 Giles Tremlett, „War of Words over Water Theft", Scotland on Sunday, September 26, 1999.

2 Ashok Sharma, „Water Shortages Plague Country", Dayton Daily News, October 18, 1998.

3 Clarke, Robin. Water: The International Crisis: MIT Press, 1993.

4 Sandra Postel, Gretchen C. Daily, Paul R. Ehrlich, „Human Appropriation of Renewable Fresh Water", Science 271, no. February 9 (1996).

5 Peter H. Gleick, ed., Water in Crisis: A Guide to the World's Fresh Water Resources (New York: Oxford University Press, 1993).

6 Ibid.

7 Sandra Postel, Last Oasis: Facing Water Scarcity (New York: Worldwatch Institute, 1992).

8 Ibid.

9 Malin Falkenmark and Carl Widstrand, Population and Water Resources: A Delicate Balance (Washington, D.C.: Population Reference Bureau, 1992), Population Bulletin.

10 Bruce Stokes, „Water Shortages: The Next Energy Crises", The Futurist, no. April (1983).

11 World Resources Institute, World Resources 1988-1989 (Washington, D.C.: World Resources Institute, 1989).

12 FAO, Irrigation in Asia in Figures (Rome: Food and Agriculture Organization of the United Nations, 1999), Water Reports, 18.

13 Ibid.

14 FAO, Irrigation in Africa in Figures (Rome: Food and Agriculture Organization of the United Nations, 1995), Water Reports, 7.

15 Sandra Postel, Pillar of Sand: Can the Irrigation Miracle Last? (World Watch/Norton & Company, 1999).

16 World Resources Institute, World Resources 1998-1999 (Washington, D.C.: World Resources Institute, 1999).

17 Sandra Postel, Pillar of Sand: Can the Irrigation Miracle Last? (World Watch/Norton & Company, 1999).

18 D.B. Gupta, „The Importance of Water Resources for Urban Socio-Economic Development", in India for International Conference on Water and Environment (Dublin: 1992).

19 World Resources Institute, World Resources 1998-1999.

20 Ibid.

21 D.B. Gupta, „The Importance of Water Resources for Urban Socio-Economic Development." In India for International Conference on Water and Environment, 5.12. (Dublin, 1992).

22 Sandra Postel, State of the World 1985 (Worldwatch Institute, 1985).

23 D.B. Gupta, „The Importance of Water Resources for Urban Socio-Economic Development." In India for International Conference on Water and Environment, 5.12. (Dublin, 1992).

[24] World Resources Institute, World Resources 1998-1999.

[25] Bruntland Commission, Our Common Future (Bruntland Commission, 1987).

[26] Mahmoud Abu Zeid Zeid, „Environmental Impacts of the Aswan High Dam: A Case Study", Water Resources Development Volume 5 No. 3, no. September (1989).

[27] Mostafa K. Tolba, „Sustainable Water Development: Opportunities and Constraints", Water International 13 (1988).

[28] Jeremy Page, „China Auditors to Clean up Three Gorges", Reuters, January 31, 2000.

[29] Canadian Council of Ministers of the Environment, Environment Ministers Meet at Kananaskis [Press Release] (1999, November 30, accessed March 3 2000).

[30] Peter H. Gleick, ed., Water in Crisis: A Guide to the World's Fresh Water Resources (New York: Oxford University Press, 1993).

[31] Peter H. Gleick, The World's Water: 1998-1999 (Oakland, California: Pacific Institute for Studies in Development, Environment, and Security, 1998), Biennial Report on Freshwater Resources.

[32] World Population Prospects: The 1998 Revisions (United Nations Department of Economic and Social Affairs Population Division, 1998), Annex I: Demographic Indicators.

[33] Peter H. Gleick, ed., Water in Crisis: A Guide to the World's Fresh Water Resources (New York: Oxford University Press, 1993).

[34] „Central Asia's Looming Water Wars", Christian Science Monitor, January 11, 1993. „In Brazil, Too, the Withered Land Cries for Rain", New York Times, April 8, 1993. Sandra Postel, Last Oasis : Facing Water Scarcity. (New York: Worldwatch Institute, 1992).

[35] Falkenmark and Widstrand.

[36] Peter Gleick's communication with Malin Falkenmark, June 1993

[37] Sandra Postel, Last Oasis : Facing Water Scarcity. (New York: Worldwatch Institute, 1992). World Bank, World Development Report 1992 (World Bank, 1992).

[38] Peter H. Gleick, ed., Water in Crisis: A Guide to the World's Fresh Water Resources.

[39] World Bank, Population and the World Bank: Adapting to Change (Washington, D.C. World Bank, 1999).

[40] Sandra Postel, Pillar of Sand: Can the Irrigation Miracle Last?

[41] Committee on Sustainable Water Supplies for the Middle East, Water for the Future: The West Bank and Gaza Strip, Israel, and Jordan (Washington, D.C.: National Academy Press, 1999).

[42] Miriam R. Lowi, West Bank Water Resources and the Resolution of Conflict in the Middle East (University of Toronto & American Academy of Arts and Sciences, 1992), Occasional Paper Series on Environmental Change and Acute Conflict, 1.

[43] Ibid.

[44] Ibid.

[45] „Middle East Water - Critical Resource", National Geographic, no. May (1993).

46 *Charles J. Hanley, „20 African Nations Risk Somalia's Fate", Washington Times, March 1, 1993.*

47 *Sandra Postel, „Water for Food Production: Will There Be Enough in 2025?", BioScience 48, no. 8 (1998).*

48 *M.S. Reddy, „Country Paper for India", in International Conference on Water and Environment (Dublin: 1992).*

49 *Manish Tiwari, Riots for Water(2000, January 15, accessed March 3, 2000).*

50 *Institute of Development Studies, Priorities of Research in Water Management for Water-Scarce Regions (Jaipur: Jaipur Printers P. Ltd., 1990).*

51 *Ibid., Estimates of population and water availability revised and updated by Population Action International.*

52 *Radharkrishna Rao, „Water Scarcity Haunts World's Wettest Place", Ambio 18, no. 5 (1989).*

53 *Peter H. Gleick, Water and Conflict: University of Toronto & American Academy of Arts and Sciences, 1992. Occasional Paper Series on Environmental Change and Acute Conflict, 1.*

54 *World Resources Institute, World Resources 1998-1999.*

55 *Peter H. Gleick, Water and Conflict: University of Toronto & American Academy of Arts and Sciences, 1992. Occasional Paper Series on Environmental Change and Acute Conflict, 1.*

56 *Sandra Postel, Last Oasis: Facing Water Scarcity. New York: Worldwatch Institute, 1992.*

57 *Peter H. Gleick, Water and Conflict: University of Toronto & American Academy of Arts and Sciences, 1992. Occasional Paper Series on Environmental Change and Acute Conflict, 1.*

58 *Ibid.*

59 *Vice President Al Gore, Earth in the Balance. Boston: Houghton Mifflin Company.*

60 *World Bank, World Development Report 1992.*

61 *Lester R. Brown & Brain Halweil, „When a six billion population outruns water supply", New Strait Times (Malaysia), September 27, 1999.*

62 *„Central Asia's Looming Water Wars", Christian Science Monitor, January 11, 1993.*

63 *Linda Harrar, Race to Save the Planet [documentary] (WGBH Boston, 1990).*

64 *Hinrichsen, „Requien for a Dying Sea", People and the Planet Vol. 4 Number 2 (1995).*

65 *Sandra Postel, Last Oasis : Facing Water Scarcity. (New York: Worldwatch Institute, 1992).*

66 *Ibid.*

67 *Robin Clarke, Water: The International Crisis: MIT Press, 1993.*

68 *World Health Organisation. Our Planet, Our Health: Report of the WHO Commission on Health and Environment, World Health Organisation: Geneva, 1992.*

69 *Peter H. Gleick, Water in Crisis: A Guide to the World's Fresh Water Resources.*

[70] *Robin Clarke, Water: The International Crisis: MIT Press, 1993.*

[71] *Paul Simon, Tapped Out: The Coming World Crisis in Water and What We Can Do About It. (Washington, D.C.: National Press, 1998).*

[72] *Robin Clarke, Water: The International Crisis: MIT Press, 1993.*

[73] *WHO. Our Planet, Our Health: Report of the Who Commission on Health and Environment. Geneva: World Health Organization, 1992.*

[74] *Ibid.*

[75] *Tony McMichael, „Healthy World, Healthy People", People & the Planet Vol. 6 Number 3, no. Health and the Environment (1997).*

[76] *Fred M. Reiff, „Cholera in Peru", World Health, no. July-August (1992).*

[77] *Peter H. Gleick, The World's Water: 1998-1999.*

[78] *UNFPA, State of the World Population (UNFPA, 1993).*

[79] *Radharkrishna Rao, „Water Scarcity Haunts World's Wettest Place", Ambio 18, no. 5 (1989).*

[80] *Paul Simon, Tapped Out: The Coming World Crisis in Water and What We Can Do About It. Washington, D.C.: National Press, 1998.*

[81] *World Bank, World Development Report 1992.*

[82] *World Bank, Clear Water, Blue Skies (Washington,D.C.: The World Bank, 1997).*

[83] *World Bank, World Development Report 1992.*

[84] *Dave Lear, „Florida Bay: In Trouble", Salt Water Sportsman, no. June (1993).*

[85] *Peter H. Gleick, ed., Water in Crisis: A Guide to the World's Fresh Water Resources.*

[86] *J. Orloci, K. Szesztay, and L. Varkonyi, National Infrastructure in the Field of Water Resources (Paris: UNESCO, 1985).*

[87] *Wayne B. Solley, Robert R. Pierce, and Howard Perlman, Estimated Use of Water in the United States in 1995 (Washington, D.C.: US Geological Survey, 1998), USGS Circular 1200.*

[88] *World Resources Institute, World Resources 1992-1993 (Washington, D.C.: World Resources Institute, 1993)*

[89] *„Middle East Water - Critical Resource", National Geographic, no. May (1993).*

[90] *Malin Falkenmark, „Fresh Waters as a Factor in Strategic Policy and Action", in Population Resources in a Changing World, ed. Morrison Institute (Stanford University, 1992).*

[91] *Peter H. Gleick, ed., Water in Crisis: A Guide to the World's Fresh Water Resources.*

[92] *„The Drying Game", Utne Reader, no. May/June (1993).*

[93] *Ibid.*

[94] *World Resources Institute, World Resources 1998-1999.*

[95] *„Central Asia's Looming Water Wars", Christian Science Monitor, January 11, 1993.*

[96] *„Middle East Water - Critical Resource", National Geographic, no. May (1993).*

[97] *Kathy Eales, Simon Forster, and Luseko Du Mhango, „Strain, Water Demand and Supply*

Direction in the Most Stressed Water Systems of Lesotho, Namibia, South Africa, and Swaziland", in Water Management in Africa and the Middle East: Challenges and Opportunities, ed. Eglal Rached, Eva Rathgeber, and David Brooks (Ottawa: IRDC Books, 1996).

98 Ibid.

99 Judith Matloff, „Southern Africa's Oasis May Turn to Dust", The Christian Science Monitor 1997.

100 Kathy Eales, Simon Forster, and Luseko Du Mhango. „Strain, Water Demand and Supply Direction in the Most Stressed Water Systems of Lesotho, Namibia, South Africa, and Swaziland." In Water Management in Africa and the Middle East: Challenges and Opportunities, ed. Eglal Rached, Eva Rathgeber and David Brooks. (Ottawa: IRDC Books, 1996.)

101 „Thirst", The Economist 344 no. 8024 (1997).

102 Eales, Forster, and Mhango.

103 Sandra Postel, Last Oasis: Facing Water Scarcity. New York: Worldwatch Institute, 1992.

104 Aaron Wolf, Middle East Water Conflicts and Directions for Resolution (Washington, D.C: International Food Policy Research Institute, 1996), Food Agriculture and the Environment Discussion Paper, 12.

105 Amy Docker Marcus, „Water Flight", Wall Street Journal, August 22 1997.

106 Sandra Postel, Dividing the Waters: Food Security, Ecosystem Health and the New Politics of Scarcity (Washington, D.C.: World Watch Institute, 1996).

107 UN. World Population Prospects: The 1998 Revisions: United Nations Department of Economic and Social Affairs Population Division, 1998. Annex I: Demographic Indicators.

108 Sandra Postel, Dividing the Waters: Food Security, Ecosystem Health and the New Politics of Scarcity.

109 Amy Docker Marcus, „Water Flight". Wall Street Journal, August 22 1997.

110 Ibid.

111 UN. World Population Prospects: The 1998 Revisions: United Nations Department of Economic and Social Affairs Population Division, 1998. Annex I: Demographic Indicators.

112 Lammi Guddaa, „Ethiopia: Crisis over the Nile Waters", Africa News 1997.

113 UN, Un Press Release Sg/Sm/6185(United Nations, 1997, accessed March 21 1997).

114 UN, Un Development Update (United Nations, 1997), no. 21.

115 Marcus, Amy Docker. „Water Flight". Wall Street Journal, August 22 1997.

116 Peter H. Gleick, ed., Water in Crisis: A Guide to the World's Fresh Water Resources.

117 World Bank, World Development Report 1992.

118 Peter H. Gleick and Linda Nash, The Societal and Environmental Costs of the Continuing California Drought (Washington, D.C., 1991), report to Congress.

119 „Middle East Water - Critical Resource", National Geographic, no. May (1993).

[120] *Sandra Postel, State of the World 1985.*

[121] *Sandra Postel, Pillar of Sand: Can the Irrigation Miracle Last?*

[122] *William J. Cosgrove and Frank R. Rijsberman, World Water Vision (London: World Water Council, 2000).*

[123] *Sandra Postel, „Saving Water for Agriculture", in State of the World 1990, ed. Worldwatch Institute (1990).*

[124] *Lester Brown, Hal Kane, and Ed Ayres, Vital Signs (Worldwatch Institute, 1993).*

[125] *Sandra Postel, Pillar of Sand: Can the Irrigation Miracle Last? page 10.*

[126] *John Bongaarts, Parker Mauldin, and James Phillips, The Demographic Impact of Family Planning Programs (Washington, D.C.: The Population Council, 1990).*

[127] *World Resources Institute, World Resources 1986-1987 (Washington, D.C.: World Resources Institute, 1987).*

Bibliografie

Bongaarts, John, Parker Mauldin, and James Phillips. The Demographic Impact of Family Planning Programs. Washington, D.C.: The Population Council, 1990.

Brown, Lester R. & Halweil, Brain, „When a six billion population outruns water supply", New Strait Times (Malaysia), September 27, 1999.

Brown, Lester, Hal Kane, and Ed Ayres. Vital Signs: Worldwatch Institute, 1993.

Bruntland Commission. Our Common Future: Bruntland Commission, 1987.

„Central Asia's Looming Water Wars." Christian Science Monitor, January 11, 1993.

Cosgrove, William J., and Frank R. Rijsberman. World Water Vision. London: World Water Council, 2000.

„The Drying Game." Utne Reader, no. May/June (1993).

Eales, Kathy, Simon Forster, and Luseko Du Mhango. „Strain, Water Demand and Supply Direction in the Most Stressed Water Systems of Lesotho, Namibia, South Africa, and Swaziland." In Water Management in Africa and the Middle East: Challenges and Opportunities, ed. Eglal Rached, Eva Rathgeber and David Brooks. Ottawa: IRDC Books, 1996.

East, Committee on Sustainable Water Supplies for the Middle. Water for the Future: The West Bank and Gaza Strip, Israel, and Jordan. Washington, D.C.: National Academy Press, 1999.

Environment, Canadian Council of Ministers of the. Environment Ministers Meet at Kananaskis. 1999, November 30. Accessed March 3 2000. Press Release.

Falkenmark, Malin. „Fresh Waters as a Factor in Strategic Policy and Action." In Population Resources in a Changing World, ed. Morrison Institute, p. 251: Stanford University, 1992.

Falkenmark, Malin, and Carl Widstrand. Population and Water Resources: A Delicate Balance. Washington, D.C.: Population Reference Bureau, 1992. Population Bulletin.

FAO. Irrigation in Africa in Figures. Rome: Food and Agriculture Organization of the United Nations, 1995. Water Reports, 7.

FAO. Irrigation in Asia in Figures. Rome: Food and Agriculture Organization of the United Nations, 1999. Water Reports, 18.

Gleick, Peter H., 1993, ed. Water in Crisis: A Guide to the World's Fresh Water Resources. New York: Oxford University Press., 1993.

Gleick, Peter H., Water and Conflict: University of Toronto & American Academy of Arts and Sciences, 1992. Occasional Paper Series on Environmental Change and Acute Conflict, 1.

Gleick, Peter H., The World's Water: 1998-1999. Oakland, California: Pacific Institute for Studies in Development, Environment, and Security, 1998. Biennial Report on Freshwater Resources.

Gleick, Peter H., and Linda Nash. The Societal and Environmental Costs of the Continuing California Drought. Washington, D.C., 1991. report to Congress.

Gore, Al. Earth in the Balance, Boston: Houghton Mifflin Company.

Guddaa, Lammi. „Ethiopia: Crisis over the Nile Waters." Africa News1997.

Gupta, D.B. „The Importance of Water Resources for Urban Socio-Economic Development." In India for International Conference on Water and Environment, 5.12. Dublin, 1992.

Hanley, Charles J. „20 African Nations Risk Somalia's Fate", Washington Times, March 1, 1993, p.1.

Harrar, Linda. Race to Save the Planet. WGBH Boston, 1990. Accessed documentary.

Hinrichsen, Don. „Requien for a Dying Sea." People and the Planet Vol. 4 Number 2 (1995): 10-13. In „Brazil, Too, the Withered Land Cries for Rain." New York Times, April 8, 1993.

Institute of Development Studies. Priorities of Research in Water Management for Water-Scarce Regions. Jaipur: Jaipur Printers P. Ltd., 1990.

Lear, Dave. „Florida Bay: In Trouble." Salt Water Sportsman, no. June (1993).

Lowi, Miriam R. West Bank Water Resources and the Resolution of Conflict in the Middle East.: University of Toronto & American Academy of Arts and Sciences, 1992. Occasional Paper Series on Environmental Change and Acute Conflict, 1.

Marcus, Amy Docker. „Water Flight." Wall Street Journal, August 22 1997.

Matloff, Judith. „Southern Africa's Oasis May Turn to Dust." The Christian Science Monitor 1997.

McMichael, Tony. „Healthy World, Healthy People." People & the Planet Vol. 6 Number 3, no. Health and the Environment (1997): 6-9.

„Middle East Water - Critical Resource." National Geographic, no. May (1993): 62.

Orloci, J., K. Szesztay, and L. Varkonyi. National Infrastructure in the Field of Water Resources. Paris: UNESCO, 1985.

Page, Jeremy. „China Auditors to Clean up Three Gorges." Reuters, January 31, 2000.

Postel, Sandra. State of the World 1985. Worldwatch Institute, 1985.

Postel, Sandra. „Saving Water for Agriculture." In State of the World 1990, ed. Worldwatch Institute, 40, 1990.

Postel, Sandra. Last Oasis: Facing Water Scarcity. New York: Worldwatch Institute, 1992.

Postel, Sandra. Dividing the Waters: Food Security, Ecosystem Health and the New Politics of Scarcity. Washington, D.C.: Worldwatch Institute, 1996.

Postel, Sandra. Pillar of Sand: Can the Irrigation Miracle Last?: World Watch/Norton & Company, 1999.

Postel, Sandra. „Water for Food Production: Will There Be Enough in 2025?" BioScience 48, no. 8 (1998): 629-637.

Postel, Sandra, Gretchen C. Daily, Paul R. Ehrlich. „Human Appropriation of Renewable Fresh Water." Science 271, no. February 9 (1996): 785-788.

Rao, Radharkrishna. „Water Scarcity Haunts World's Wettest Place." Ambio 18, no. 5 (1989).

Reddy, M.S. „Country Paper for India." In International Conference on Water and Environment. Dublin, 1992.

Reiff, Fred M. „Cholera in Peru." World Health, no. July-August (1992).

Sharma, Ashok. „Water Shortages Plague Country." Dayton Daily News, October 18, 1998.

Simon, Paul. Tapped Out: The Coming World Crisis in Water and What We Can Do About It. Washington, D.C.: National Press, 1998.

Solley, Wayne B., Robert R. Pierce, and Howard Perlman. Estimated Use of Water in the United States in 1995. Washington, D.C.: US Geological Survey, 1998, USGS Circular 1200.

Stokes, Bruce. „Water Shortages: The Next Energy Crises." The Futurist, no. April (1983): p. 39.

„Thirst." The Economist 344 no. 8024 (1997).

Tiwari, Manish. Riots for Water. 2000, January 15. Accessed March 3, 2000.

Tolba, Mostafa K. „Sustainable Water Development: Opportunities and Constraints." Water International 13 (1988): 189.

Tremlett, Giles. „War of Words over Water Theft." Scotland on Sunday, September 26, 1999.

UN. UN Development Update: United Nations, 1997, no. 21.

UN. UN Press Release Sg/Sm/6185. United Nations, 1997. Accessed March 21 1997.

UN. World Population Prospects: The 1998 Revisions. United Nations Department of Economic and Social Affairs Population Division, 1998. Annex I: Demographic Indicators.

UNFPA. State of the World Population: UNFPA, 1993.

WHO. Our Planet, Our Health: Report of the Who Commission on Health and Environment. Geneva: World Health Organization, 1992.

Wolf, Aaron. Middle East Water Conflicts and Directions for Resolution. Washington, D.C.: International Food Policy Research Institute, 1996. Food Agriculture and the Environment Discussion Paper, 12.

World Bank. World Development Report 1992.: World Bank, 1992.

World Bank. Population and the World Bank: Adapting to Change. Washington, D.C.: World Bank, 1999.

World Resources Institute. World Resources 1986-1987. Washington, D.C.: World Resources Institute, 1987.

World Resources Institute. World Resources 1988-1989. Washington, D.C.: World Resources Institute, 1989.

World Resources Institute. World Resources 1992-1993. Washington, D.C.: World Resources Institute, 1993.

World Resources Institute. World Resources 1998-1999. Washington, D.C.: World Resources Institute, 1999.

World Bank. Clear Water, Blue Skies. Washington, D.C.: The World Bank, 1997.

Zeid, Mahmoud Abu Zeid. „Environmental Impacts of the Aswan High Dam: A Case Study.“ Water Resources Development Volume 5 No. 3, no. September (1989).

Stichwortverzeichnis

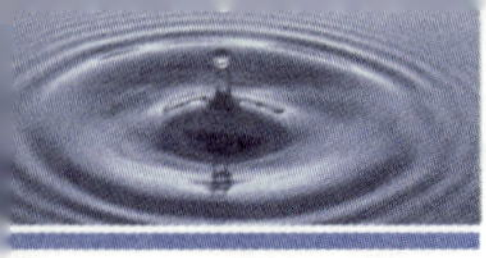

Z

Danksagung

Diese Überarbeitung von *Mensch, Wasser!*, herausgegeben von der Deutschen Stiftung Weltbevölkerung (DSW), basiert auf dem 1993 von *Population Action International (PAI)* veröffentlichten Bericht *Sustaining Water - Population and the Future of Renewable Water Supplies*. Sie wäre nicht möglich gewesen ohne die Hilfe der Mitarbeiter von PAI. Gemeinsam mit dem Autor haben sie seit 1992 Daten und Fakten über die Entwicklung der Weltbevölkerung und der Trinkwasservorräte zusammengetragen.

Bonnie Dye stellte die neuesten Bevölkerungs- und Wasserdaten zusammen, recherchierte und analysierte die seit der ersten Ausgabe neu erschienenen Publikationen und Dokumente zum Thema Wasser und arbeitete mit am Text. Pamela LeRoy, früher bei PAI, war verantwortlich für die Forschungsassistenz und die Überarbeitung eines Großteils der ersten Ausgabe von *Sustaining Water* und *Mensch, Wasser!*. Heather Rae recherchierte die in der ersten Ausgabe von *Mensch, Wasser!* enthaltenen Daten. Jennifer Wisnewski engagierte sich besonders in der Forschung und Überarbeitung. PAI-Mitarbeiter Tom Gardner-Outlaw lieferte einen Teil der hier abgedruckten Forschungsergebnisse, die ursprünglich für eine gemeinsam von ihm und dem Hauptautor verfasste frühere Neuausgabe von *Sustaining Water* erstellt wurden.

Wie schon bei der ersten Ausgabe haben sich die Verfasser dem Thema nicht als Wasserexperten genähert und von vielen Seiten Belehrung, Rat und Kritik eingeholt. Insbesondere möchten wir Dr. Peter H. Gleick vom *Pacific Institute for Studies in Development, Environment, and Security* danken. Er war Berater und erstellte viele der Tabellen und Abbildungen. Von unschätzbarer Hilfe waren auch die Artikel und Aufsätze sowie die persönliche Beratung Sandra Postels, Gründerin des *Global Water Policy Project* in Amherst, Massachusetts. Besonderer Dank gilt der herausragenden schwedischen Hydrologin Dr. Malin Falkenmark, die sich als Erste mit den Zusammenhängen zwischen Bevölkerungsentwicklung und Wasserversorgung beschäftigte und uns bei diesem Buch beratend zur Seite stand. Die Verantwortung für die Richtigkeit der Daten und für die hier gezogenen Schlussfolgerungen liegt allein bei den Autoren.

Wie viel Wald braucht der Mensch?

Über 1,7 Milliarden Menschen leben bereits heute in Ländern mit geringer Waldfläche. Im Jahre 2025 können es schon 4,6 Milliarden sein. Denn immer mehr Menschen benötigen immer mehr Waldprodukte. Doch durch diesen riesigen Bedarf vernichtet der Mensch auch ständig mehr Waldflächen und damit seine eigene Lebensgrundlage.
Dieses Buch ist eine detaillierte Bestandsaufnahme und eine genaue Analyse der Ursachen für den Waldverlust auf breiter Datenbasis.
Die Autoren entwickeln eine Strategie, die umfangreiche und realistische Maßnahmen vorschlägt.
Sie könnte Ausgangspunkt einer Politik sein, die Wald und Mensch eine Erfolg versprechende Chance bietet.

Tom Gardner-Outlaw
Robert Engelmann

Mensch, Wald!
Report über die Entwicklung der Weltbevölkerung und die Zukunft der Wälder.
1999, 125 Seiten, br.
DM 24,–/öS 175,–/sfr 22,–
ISBN 3-930406-11-x

„Ein kompaktes Buch voller brisanter Fakten."
Dr. Wolf Donner, Köln

„Eine gründliche Bestandsaufnahme über die Waldressourcen." **Forstliche Mitteilungen**

Bitte fordern Sie unser Gesamtverzeichnis an!

BALANCE

Sechs Milliarden – Zeit für Entscheidungen

Robert Engelman,
Pamela LeRoy

Mensch, Land!
Report über Weltbevölkerungsentwicklung und nachhaltige Nahrungsproduktion
1996, 91 Seiten, broschiert
DM 19,80/öS 145,–/ sfr 19,–
ISBN 3-930406-06-3

„Es ist das Verdienst der Studie von Robert Engelman und Pamela LeRoy, auf den noch kaum beachteten Umstand aufmerksam zu machen, daß das für den Ackerbau verfügbare Land absolut begrenzt ist." **Das Parlament**

„Eine Schrift, die gelesen werden sollte." **Beiträge zur tropischen Landwirtschaft und Veterinärmedizin**

DSW (Hrsg.)

Weltbevölkerungsbericht 1999
Sechs Milliarden – Zeit für Entscheidungen
1999, 100 Seiten, broschiert
DM 15,–/öS 110,–/ sfr 14,–
ISBN 3-930406-14-4

Analysen aus allen Teilen der Erde zeigen, dss sich das Wachstum der Weltbevölkerung zwar abgeschwächt hat, die absoluten Zahlen aber weiterhin steigen. Sollte es nicht gelingen, das Wachstum auf Null zu senken, müssen sich Ende des nächsten Jahrhunderts mehr als elf Milliarden Menschen den knappen Lebensraum teilen. Der Weltbevölkerungsbericht zeigt die neuesten Fakten und Entwicklungen.

Klaus M. Leisinger

Hoffnung als Prinzip
Bevölkerungspolitik mit menschlichem Antlitz
Mit einem Vorwort von Robert S. McNamara
1994, 425 Seiten, broschiert
DM 24,80/ÖS 181,–/ sfr 23,–
ISBN 3-930406-02-0

„Klaus M. Leisinger leistet mit diesem Buch einen wertvollen Beitrag zur Beweisführung, dass zur Senkung hoher Geburtenraten mehr erforderlich ist als Bevölkerungspolitik – nämlich eine nachhaltige, auf den Menschen ausgerichtete Entwicklung." **Robert S. McNamara (Vorwort)**

„Sage keiner, er hätte nichts gewusst: Leisinger zeigt die überlebenswichtigen Probleme auf." **Die Zeit**

„Eine differenzierte Interpretation der Entwicklung." **Neue Züricher Zeitung**

„Die Deutsche Stiftung Weltbevölkerung ist in der kurzen Zeit ihres Bestehens unentbehrlich geworden. Sie ist die einzige nennenswerte nicht-staatliche Organisation in Deutschland, die sich speziell der Weltbevölkerungsproblematik annimmt.

Prof. Dr. Ernst Ulrich von Weizsäcker,
Gründungsmitglied im DSW-Kuratorium

Die Deutsche Stiftung Weltbevölkerung (DSW) setzt sich für eine zukunftsfähige Entwicklung ein. Dabei unterstützt sie insbesondere Bemühungen für eine menschenwürdige Verlangsamung des Weltbevölkerungswachstums.

In Entwicklungsländern konzentriert sich die DSW auf die Unterstützung vorbildlicher Projekte, die Menschen befähigen, ihr Menschenrecht auf Familienplanung eigenverantwortlich und selbstbestimmt auszuüben. Der Schwerpunkt ihrer Arbeit in Industrieländern liegt in sachkundigen Informations- und Diskussionsbeiträgen, die eine bessere Wahrnehmung der mit dem Weltbevölkerungswachstum verbundenen Herausforderungen bewirken.

„Die DSW ist eine gemeinnützige private Stiftung. Sie ist deutsche Partnerin des Bevölkerungsfonds der Vereinten Nationen (UNFPA) und kooperiert mit renommierten internationalen Organisationen und Forschungsinstituten. Sie besitzt den speziellen Konsultativstatus beim Wirtschafts- und Sozialrat der Vereinten Nationen (ECOSOC)."

Wenn Sie mehr Informationen über unsere Arbeit und unsere Projekte in Afrika, Asien und Lateinamerika wünschen oder uns unterstützen wollen, schreiben Sie uns oder rufen Sie uns an:

Deutsche Stiftung **WELTBEVÖLKERUNG**

Geschäftsstelle Göttinger Chaussee 115
30459 Hannover
Telefon (05 11) 9 43 73-0
Fax (05 11) 2 34 50 51
e-mail info@dsw-hannover.de
homepage http://www.dsw-online.de

Spendenkonto Konto Nr. 38 38 38 0
Commerzbank Hannover
BLZ 250 400 66